中国系列丛书

上海建筑中的
红色记忆

RED MEMORY
IN SHANGHAI ARCHITECTURE

褚 敏——主编

刘严宁 徐文越 孙耀龙——副主编

上海教育出版社

《上海建筑中的红色记忆》

主　编：褚　敏

副主编：刘严宁　徐文越　孙耀龙

编委会成员（按姓氏笔画排序）：

王　萌　兰宇新　刘素英　许　劼　孙　丹　严亚南

李俊平　李　珹　杨　帆　沈　卫　张雪松　陈志强

周利平　周培元　郎　晴　姚　霏　徐光寿　徐凌波

黄　坚　窦　葳　薛　峰

目　录

总论　上海建筑中的红色记忆

　　红色记忆是包括红色人物、红色事物、红色故事和红色精神文化在内的红色文化记忆。其中,红色事物专指中国共产党领导人民在革命、建设和改革中所形成的物质文化资源,包括红色建筑、红色遗址、红色文物、红色文献及手稿资料等在内的物质文化资源的总和①,是对大学生开展红色教育的直观教学资源。

　　上海既是党的诞生地、党中央机关的长期驻扎地,也是改革开放排头兵、创新发展先行者。上海高校运用本地丰富独特的红色文化资源开展育人活动,学史明理、学史增信、学史崇德、学史力行,将有助于培育学生的爱国主义情怀和改革创新精神,增强文化自觉和自信,提升理想信念和思想道德情操。

一、红色文化与上海红色文化资源的内涵和特征

　　2019 年 3 月 4 日,习近平总书记在看望参加全国政协十三届二次会议的文化艺术界、社会科学界委员时强调,"共和国是红色的,不能淡化这个颜色","不能被轻歌曼舞所误,不能'隔江犹唱后庭花'"。② 11 月 3 日,习近平总书记在上海考察工作时指出,"上海要把这些丰富的红色资源作为主题教育的生动教材,引导广大党员、干部深入学习党史、新中国史、改革开放史,让初心薪火相传,把使命永担在肩"③,不仅给红色文化以明确定位,也为上海利用红色资源指明了方向。我们要以科学的视角认识红色文化,以科学的态度对待红色文化,以科学的思路发展红色文化。

　　习近平总书记指出,"要把红色资源利用好、把红色传统发扬好、把红色基因传承好"。④ 在《论中国共产党历史》专题文集中,习近平总书记就有思政课教师"会讲故事、讲好故事十分重要"的殷切期待。利用红色建筑讲好红色故事,就是一个重要

① 徐光寿.共性与个性:关于红色文化研究的若干问题[J].国外社会科学前沿,2019(5).
② 杜尚泽.习近平总书记看望文艺界社科界委员的微镜头·共和国是红色的(两会现场观察)[N].人民日报,2019‐3‐5.
③ 习近平.论中国共产党历史[M].北京:中央文献出版社,2021:159.
④ 习近平.用好红色资源,传承好红色基因,把红色江山世世代代传下去[J].求是,2021(10).

的方式。习近平总书记强调指出："革命博物馆、纪念馆、党史馆、烈士陵园等是党和国家红色基因库。要讲好党的故事、革命的故事、根据地的故事、英雄和烈士的故事，加强革命传统教育、爱国主义教育、青少年思想道德教育，把红色基因传承好，确保红色江山永不变色。"①习近平总书记关于红色基因的重要论述，是我们讲述上海红色建筑、传承红色基因的思想指南。

(一) 红色文化的概念

2003 年，学术界提出了"红色文化"的概念。起初人们对这一概念或涉及较少，或意见不一，研究相对薄弱。进入中国特色社会主义新时代，尤其 2016 年习近平总书记"七一讲话"以来，在迎接建党百年华诞之际，有关党的创建，党的初心、使命和红色文化的研究渐趋热烈。对红色文化的起源、内涵和特征的研究，不仅呈现出方兴未艾的研究态势，而且显示出共性与个性兼具的学术特点。

梳理红色文化的概念，首先需要厘清"红色"的历史由来。

中国传统观点认为，中国人的红色情结与生俱来，流淌在民族的血脉里，遗传在民族的基因中。我国红色文化的"红色"与中华民族起源相伴而生，贯穿于中国整个社会发展史。在中国传统文化中，红色有血与火的寓意，象征着战争中火与血的淬炼。中华民族自古就有强烈的"红色崇拜"，并成为岁月无法流逝的"红色情结"，故而很容易与党领导的中国革命、建设和改革事业联系起来。

另一种观点认为，当代中国红色文化中的"红色"，应追溯到中世纪的北欧地区。13 世纪的北欧经常发生战争，战士们习惯扎上红色发带或举起红色旗帜，民间称为"Baucans"，寓意战斗到底。至 17 世纪，红旗在欧洲民间十分流行，不仅成为"反抗"的代名词，而且宣示着战斗到底、决不投降。18 世纪的法国大革命更是将红旗置于至高无上的地位。红色也成为法国国旗的主色调之一。经巴黎公社传至俄国十月革命，红色成为无产阶级革命的标志性颜色，甚至成了共产主义代名词。随着共产主义运动席卷全球，红色成了全世界最鲜亮的颜色。持此论者因此指出，前述中国传统观点"其实是个误解"②。

我们认为，就中国红色文化而言，上述两种观点不仅并不矛盾，而且相互依赖、互为补充。中国共产党人是古今中外优秀文化的集大成者。红色基因之所以能在

① 习近平.论中国共产党历史[M].北京：中央文献出版社,2021：31,111.
② 贾微晓.论红色文化中的文化共同体思想,基于古斯塔夫·拉德布鲁赫《社会主义文化论》的思想角度[J].宁夏社会科学,2019(2).

近代中国生长、扎根、开花、结果,是中国传统文化中的红色基因与西方近代文化中的红色基因相结合的产物,二者相互融合,形成了近代中国的红色文化。一言蔽之,近代中国红色文化是古为今用、洋为中用、推陈出新的产物。

可见,近代中国的红色文化,不仅意味着战斗到底、决不投降的流血牺牲精神,也蕴含着中国传统红色基因中权威、勇气、吉祥、喜庆、美丽等寓意美好的评价,不能被历史虚无主义者污名化为血腥、屠杀、暴力的代名词。

因此,红色文化有广义、狭义之分。广义的红色文化,是指世界社会主义运动历史进程中人们的物质和精神力量所达到的程度、方式和成果;狭义的红色文化,专指党在领导人民实现民族独立和人民解放、国家富强和人民幸福历史进程中凝结而成的观念意识形态。我们今天所说的红色文化,指的就是狭义的红色文化。其理论渊源是马克思主义,现实依据是中国共产党领导的革命、建设、改革和复兴的伟大实践,根本路径是群众路线,精神动力是崇高的理想信念。

(二) 红色文化的精神特征

红色文化不仅来源于无产阶级领导的革命文化,而且与革命文化有着紧密的内在联系,因而也具有与革命文化相同的三大鲜明的精神特征:鲜明的革新色彩、进步的文化性质和彻底的斗争精神。

首先,红色文化具有鲜明的革新色彩。按照马克思列宁主义的阶级斗争学说,阶级斗争是推动社会发展的重要力量。革命首先是被剥削、被压迫阶级自下而上的推翻剥削和压迫阶级的暴力行动,红色文化相应地也具有了被压迫、被剥削阶级自下而上地通过暴力手段推翻剥削和压迫阶级反动统治的暴力斗争色彩。毛泽东指出:"革命不是请客吃饭,不是做文章,不是绘画绣花,不能那样雅致,那样从容不迫,文质彬彬,那样温良恭俭让。革命是暴动,是一个阶级推翻一个阶级的暴烈的行动。"[①]也就是说,从途径和手段看,革命要遵循自下而上的斗争途径,而且是你死我活的暴力行动。既然红色文化产生于无产阶级通过武装斗争夺取政权的革命斗争的历史进程中,因而必然具有鲜明的斗争精神,而且是彻底的不妥协的斗争精神。这是红色文化的基本属性。

其次,红色文化具有进步的文化性质。革命既是自下而上的暴力行动,但又绝不只是暴力行动,还具有推动社会发展的鲜明的进步性质。按照马克思主义五种社

---

① 毛泽东.毛泽东选集:第 1 卷[M].北京:人民出版社,1991:17.

会形态学说,因为革命的目标和前途,总是要以一个新的社会形态代替旧的社会形态,也就是要以一种进步的社会制度取代落后的社会制度,体现一种历史的发展进步,而绝不是阶级互杀或改朝换代的工具;体现的不是一种历史的循环往复,而是推动历史的发展进步。斯大林提出并经毛泽东阐述的近代中国革命最大的特点和优点,就是武装的革命反对武装的反革命,"这是中国革命的特点之一,也是中国革命的优点之一"①。新兴力量代替陈旧势力、先进制度代替落后制度、革命战胜反革命,不管采用何种手段,都体现了一种鲜明的进步性质。这是红色文化的本质属性。

再次,红色文化具有彻底的斗争精神。伴随红色文化鲜明的暴力色彩和进步的文化性质的就是红色文化所具有的彻底的斗争精神。毛泽东指出:"中国反帝反封建的资产阶级民主革命,正规地说起来,是从孙中山先生开始的……也有它失败的地方。"②他还指出,辛亥革命只赶跑了一个皇帝,中国仍旧在帝国主义和封建主义的压迫之下,反帝反封建的革命任务并没有完成,说明资产阶级不能担当革命的领导阶级。五四运动之所以能被称为中国新民主主义革命的伟大开端,其重要原因就是,它不仅带有辛亥革命不曾有的彻底的、不妥协的反帝反封建的斗争精神,而且标志着中国工人阶级首次以独立的政治姿态登上政治舞台,显示出强大的战斗力量,标志着中国新民主主义革命的伟大开端。马克思主义因此开始与中国工人运动相结合,进而与中国革命相结合,不仅推动了中国共产党的诞生,而且开启了马克思主义中国化的历史进程。这是红色文化的应有之义。

根据上述红色文化的三大特征,不仅作为中国古代改朝换代工具的农民起义不能称之为革命,产生不了进步的红色文化,而且近代中国的太平天国的农民战争也不能称之为革命,也产生不了红色文化,尽管它们都带有暴力性质。而洋务运动、戊戌变法等近代重大历史事件,虽然在主观或者客观上都带有新旧经济乃至社会制度变革的色彩,但因没有采用暴力方式,也不能称之为革命,不能产生红色文化。近代中国的革命是从辛亥革命开始的,而红色文化则是从中国共产党领导新民主主义革命的历史进程中产生的。

(三) 红色文化的内涵——红色文化资源

红色是中国共产党和中华人民共和国的底色,是中国共产党文化的血脉。红色文化是中国共产党领导中国人民在长期的革命和建设中生成的一种特殊的文化类

---

① 毛泽东.毛泽东选集:第2卷[M].北京:人民出版社,1991:635.
② 毛泽东.毛泽东选集:第2卷[M].北京:人民出版社,1991:563.

型,具有伟大的革命精神和厚重的文化内涵。红色文化是中国先进文化的重要组成部分,是中国共产党领导革命事业和推进马克思主义中国化的结晶。

何谓红色文化资源? 红色文化资源是红色文化的主要载体,是由红色文化滋生的具体的人物、事物、事件和意识形态等,其内涵一般包括"人、物、事、魂"4个方面。

红色文化资源中的"人",多指为革命付出宝贵生命的先烈。上海龙华烈士陵园、南京雨花台烈士陵园、甘肃西路军纪念馆等全国各地星罗棋布的烈士陵园,记载着革命先烈创造红色文化的珍贵历史。

红色文化资源中的"物",是指革命遗迹和红色文物。以上海市南昌路100弄2号《新青年》编辑部旧址为例,就是宝贵的革命遗迹,至少还应挂出4块门牌:中共中央机关驻地、上海共产党早期组织驻地、中共主要创建者陈独秀寓所、最早公开亮出共产党旗号的《共产党》月刊编辑部。

红色文化资源中的"事",是指丰富感人的红色故事。一个红色故事就是一段革命历史,就是一个珍贵的红色文化。这样的故事,无论在党的第一个红色据点上海、在第一块农村革命根据地井冈山、在艰苦卓绝的红军长征途中,还是在中国革命即将胜利之际,都不胜枚举。

所谓红色文化资源中的"魂",就是指各具特色的红色精神。一百年前,中国共产党的先驱们创建了中国共产党,形成了坚持真理、坚守理想,践行初心、担当使命,不怕牺牲、英勇斗争,对党忠诚、不负人民的伟大建党精神。以伟大建党精神为源头,在百年奋斗征程中,在不同历史阶段,中国共产党人用生命和鲜血铸就了各具特色的红色精神,如井冈山精神、苏区精神、长征精神、遵义会议精神、延安精神、抗战精神、红岩精神、西柏坡精神、抗美援朝精神、"两弹一星"精神、改革开放精神、特区精神、抗洪精神、抗震救灾精神、脱贫攻坚精神、抗疫精神等伟大精神,构成了中国共产党人精神谱系。

传承红色文化,就是要缅怀革命先烈,保护红色建筑、红色文物和红色遗迹,讲好红色故事,传承红色精神。

(四) 上海红色文化资源的特点

上海的红色文化资源不仅极为丰富,而且独具特点。

首先历史纵贯近百年。上海学界的中共党史研究有所谓的"两头飘"一说,就是说上海党史研究有两大"重点":一头是中共创建史,另一头是改革开放史,当然中间也有很多党史事件。从中国共产党在上海创建,经中国共产党领导的革命、建设和改革至今的一百多年历史,见证了党领导中国人民从站起来、富起来到强起来的历史性巨变,验证了上海红色文化传承不绝。与其他城市的红色记忆相比,不仅历史最久,而且涌现两次高潮。

其次是类型多样。上海红色文化资源丰富多样,具有浓厚的地域性和时代特色。无论"人、物、事、魂"哪一样,均丰富多样,堪称全面。今天南昌路100弄2号,经过社会各界的不懈努力,于2020年7月1日终于在原先单一的《新青年》编辑部旧址"前加上了"中国共产党发起组成立地旧址"这个最具标志意义的红色门牌,有效弥补了此处红色文化内涵挖掘不足的欠缺。仅龙华烈士陵园"无名烈士墓"中,就有1949年解放大上海战斗中牺牲的271名无名解放军指战员,象征着烈士们崇高的革命精神。

再次是红色源头。上海作为党的诞生地,红色文化的源头性特色鲜明。中国共产党的第一个组织于1920年6月(一说8月)在环龙路老渔阳里2号陈独秀寓所成立,第一个社会主义青年团组织于1920年8月在霞飞路新渔阳里6号成立,第一份党刊《共产党》月刊于1920年11月7日也在老渔阳里2号陈独秀寓所创刊,第一个红色工会组织上海机器工会于1920年11月在上海成立,第一家红色出版社人民出版社于1921年9月在上海成立,第一所妇女干部学校平民女校于1922年2月在上海成立,第一部党章于1922年7月在上海辅德里制定。如此等等,不一而足。当然,最重要的是,党的第一次全国代表大会于1921年7月在上海法租界望志路106号召开,是"开天辟地的大事变"①。

最后是中枢地位。不仅中国共产党诞生于上海,而且中共中央机关驻留上海12年,是民主革命时期驻留时间最长的地点,因而上海具有鲜明的革命中枢的特色,是中国共产党领导中国革命的"五大红色圣地"之一,而且是唯一的"城市圣地"②。据不完全统计,中共中央早期在上海各类重要机关旧址就有24处。上海市档案馆、上海革命历史展览馆和中共一大会址纪念馆等馆藏红色档案数百万卷。党的领袖人物旧居也并不少见,既有陈独秀、毛泽东、周恩来等中央领导人的住所,也有李达、陈望道、蔡和森、邓小平等的旧居。龙华烈士陵园的烈士中有11位中共中央委员和中央监察委员,占民主革命时期牺牲的中央委员的六分之一和中央监察委员的二分之一。烈士的职务和级别之高,是龙华烈士陵园的显著特征。

---

① 毛泽东.毛泽东选集:第4卷[M].北京:人民出版社,1991:1471.
② 按时间顺序,"五大红色圣地"先后是上海、瑞金、遵义、延安、西柏坡。

二、内涵丰富的上海红色建筑遗迹

文化品牌关乎城市品质,是一座城市的金字招牌和永久标志,承载着城市的精神品格和理想追求,是增强城市文化软实力的重要依托。当你进入一座城市,最先映入眼帘的除了居民,就是建筑。

作为"三界四方"政治格局下的近代上海,城市建筑风格也呈现出多样化的特征,至少包括西洋建筑、四合院建筑和中西合璧的石库门建筑。上海在中国共产党领导革命、建设和改革的各个历史时期,都出现了丰富的红色建筑。据2022年上海市政府公布的《上海市红色资源名录(第一批)》,截至2021年初,上海共有各类红色建筑612处,包括革命旧址、遗址、纪念设施[①]。其中,党在创建时期和党中央驻留上海期间,各类重要机关旧址有24处,可谓星罗棋布。党的一大、二大、四大在上海召开,中共中央长期驻扎上海,许多重大历史事件都在上海刻下了红色印痕。上海见证了党领导人民革命、建设和改革的全部历史,上海的大街小巷就留下了不同历史时期的各种红色建筑。

按照建筑主题,上海的红色建筑可以分为三个历史时期。

(一) 第一个时期: 1920 至 1949 年

从党在上海诞生到上海解放的近30年,是上海的新民主主义革命时期。这个时期上海红色建筑主要有三个主题。

一是与中国共产党在上海创建过程相关的红色建筑。包括中国共产党发起组成立地(《新青年》编辑部)旧址、上海社会主义青年团机关(外国语学社、中国通讯社)旧址、中国共产党第一次全国代表大会会址(含中国共产党第一次全国代表大会宿舍博文女校旧址)、中国共产党第二次全国代表大会会址(含人民出版社和平民女校)旧址等。由于上海社会主义青年团代行中国社会主义青年团的职能,所以上海社会主义青年团机关旧址又称中国社会主义青年团中央机关旧址。

中国共产党发起组成立地(《新青年》编辑部)旧址,位于今南昌路100弄2号,原为法租界环龙路渔阳里2号(简称老渔阳里2号),原为辛亥革命时期安徽督军柏

---

① 周慧琳.立足初心始发地　唱响伟业之辉煌　全面做好建党百年宣传教育工作[J].党建,2021(3).

文蔚旧居,也曾是陈独秀寓所。老渔阳里2号是一栋旧式石库门建筑,于2020年7月1日正式更名挂牌,是《新青年》编辑部旧址。1920年6月19日,陈独秀在此召集李汉俊、俞秀松、施存统、陈公培商议,成立"社会共产党",简称社党。经与李大钊和维经斯基商定,8月正式定名"中国共产党"。此后,中国第一个工人阶级的报刊《劳动界》和党的第一个机关刊物《共产党》均在这里创刊。

上海社会主义青年团中央机关旧址位于今黄浦区淮海中路567弄6号,也是一栋旧式石库门建筑。1920年8月22日,上海社会主义青年团正式发起建立。团的机关就设在当时上海法租界一个普通民居——霞飞路渔阳里6号(简称新渔阳里6号,今淮海中路567弄6号)。中国共产党发起组和上海社会主义青年团组织在这里开办了中国党、团组织的第一所培养青年革命者的学校——外国语学社。1961年3月,国务院将渔阳里6号正式命名为"中国社会主义青年团中央机关旧址",并列入第一批全国重点文物保护单位。

中国共产党第一次全国代表大会会址(含中国共产党第一次全国代表大会宿舍旧址),位于今黄浦区黄陂南路374号(兴业路76号),是在原中共一大会议旧址的基础上,按照原貌修葺而成的,隶属于中共一大纪念馆。中共一大第一次至第六次会议就是在这里召开的。新建筑为钢筋混凝土结构,保留了20世纪20年代上海典型的石库门民居风格。该馆是介绍和展示中国共产党诞生史迹的事件类纪念性博物馆。其自建立以来,对中共一大会址进行了有效的保护和管理,对有关中共党史、中国革命史文物资料开展了广泛的征集、妥善的保管和良好的陈列行动,对中共创建历史进行了深入的研究,并为中外观众提供了专门的讲解和接待服务。

中国共产党第二次全国代表大会会址,位于今静安区老成都北路7弄30号(近延安中路),原为南成都路辅德里625号,是一栋旧式石库门建筑。这里当年是中共中央局成员、负责宣传工作的李达及其夫人王会悟的寓所,也是党的第一个秘密出版机构——人民出版社所在地。1922年7月16日,中共二大第一次全体会议在这里召开。中共二大第一次提出了党的民主革命纲领,制定了第一部党章,第一次提出党的统一战线思想,第一次比较完整地对工人运动、妇女运动和青少年运动提出了要求,第一次决定加入共产国际,第一次提出"中国共产党万岁"的口号。中共二大的召开标志着中国共产党建党伟业的完成。

二是中共中央机关驻留上海期间的建筑旧址。主要包括中共三大后中央局机关三曾里遗址、中国共产党第四次代表大会遗址、中共中央军委机关旧址、中共中央特科机关旧址和中共中央政治局机关旧址（1928—1931 年）等一批中共中央机关在上海的建筑旧址。

中共三大后中共中央局机关三曾里遗址，坐落于今静安区浙江北路 118 号，总建筑面积 1 100 余平方米。中共三大在广州闭幕后，陈独秀率中共中央机关重返上海，办公地就设在三曾里。史料记载，从 1923 年 7 月至 1924 年 6 月期间，陈独秀、毛泽东、蔡和森、王荷波、罗章龙等中共三大后中央局成员先后于此办公和居住。原建筑已在 1932 年"一·二八"淞沪抗战中被毁。纪念馆创办于 1988 年 7 月。2011 年 6 月 25 日"中共三大后中央局机关三曾里遗址"纪念标志举行揭幕仪式。2020 年 3 月 18 日，中共三大后中央局机关旧址陈列馆已经恢复开放。陈列馆展出史料 500 多张（份）、复制件 90 余件，并运用动态场景再现、电子翻书、动态地图等多媒体手段。

1925 年 1 月，在上海虹口淞沪铁路旁的一座石库门建筑里，中国共产党第四次全国代表大会秘密召开。20 位共产党人代表全国 994 名党员出席了大会。然而，中共四大会场建筑在 1932 年"一·二八"淞沪抗战中被日本飞机炸毁，一直难以确定具体位置。1987 年 11 月，虹口区东宝兴路 254 弄 28 支弄 8 号处被确认为中共四大会址遗址，由上海市人民政府公布为上海市革命纪念地。2011 年，纪念中国共产党成立 90 周年之际，经中共上海市委批复同意，虹口区委区政府择址于四川北路 1468 号四川北路公园，开工建设中共四大纪念馆。2012 年 9 月 7 日，中共四大纪念馆正式开馆。纪念馆的建筑面积为 3 180 平方米，设有序厅、主展厅、场景再现厅、影视厅、副展厅、临展厅、信息查询区、游客服务中心等功能性空间，其中展厅面积约为 1 500 平方米。

中共中央军委机关旧址，位于今静安区新闸路 613 弄 12 号，在 1928 至 1929 年间是中共中央军委（军事部）机关所在地。在该旧址筹建中共中央军委机关纪念馆，是上海"开天辟地——党的诞生地发掘宣传工程"的重点项目之一，也是静安区深化红色文化资源发掘保护工作的重点工程。经中共中央批复，同意在此地建设中共中央军委机关旧址纪念馆。旧址按照修旧如旧的原则，运用图文（200 张）、实物（30 余件）、雕塑、视频、音频等多种展陈形式，真实还原了中央军委当时工作及生活场景。

中共中央特科机关旧址，位于今静安区武定路 930 弄 14 号（原武定路修德坊 6 号），是 1927 年至 1935 年间中央特科机关驻地之一，也是扩大的中共六届四中全会旧址，为一幢建于 1930 年的砖木结构假三层里弄房屋。中央特科归中央特委会领导，由周恩来亲自筹建和实际负责，主要从事地下工作，其中包括情报收集，对中共高层人物实施政治保卫,防止中共高层人物被国民政府和公共租界当局逮捕或者暗杀,并且开展针对国民政府的渗透活动。2014年4月4日,上海市人民政府核定并公布中共中央特科机关旧址为上海市文物保护单位。

中共中央政治局机关旧址(1928—1931年),位于今黄浦区云南中路171—173号(原云南路447号),是一幢坐西朝东的两层钢筋水泥结构楼房。1928年春,在上海担任党中央会计工作的熊瑾玎以商人身份租得此处生黎医院楼上的三间房间,设立党中央政治局机关,并挂出"福兴"商号的招牌作为掩护;妻子朱端绶担负抄写和传送中央文件的任务。1928年秋到1931年4月,中央政治局、中央军委、江苏省委的各级领导周恩来、瞿秋白、项英、李立三、彭湃、李维汉、李富春、任弼时、邓中夏、邓小平等经常到这里开会。1931年4月26日晨,顾顺章被捕之后叛变,机关及时转移他处。1980年8月,上海市人民政府公布为上海市文物保护单位。

三是中共地下党在上海开展活动相关的建筑。最著名的就是中共上海地下组织斗争史陈列馆暨刘长胜故居、中共中央文库旧址和南市发电厂旧址。位于今静安区愚园路81号的中共上海地下组织斗争史陈列馆暨刘长胜故居,2004年5月27日正式对社会开放。陈列馆占地239平方米,建筑面积927平方米,共设有三层展示区:底楼主要为20世纪30—40年代3个上海地下党秘密联络点的场景介绍;二楼、三楼主要为"中共上海地方组织成立""前赴后继、不屈不挠的斗争""开展抗日救亡运动""争取和平民主、反对内战""里应外合解放上海"五大内容陈列展示,通过油画、雕塑、遗物、实物陈列,场景展示,情景模拟,影视合成等一系列表现手法,介绍了上海地下工作者可歌可泣的业绩,展示了中共上海地下组织发展、斗争的历程。为上海市文物保护单位、红色旅游经典景区、爱国主义教育基地。因为也是刘长胜1946年至1949年在沪从事地下革命斗争时的居住地,也名刘长胜故居。

中共中央文库遗址,位于今静安区西康路康定路东北角(原小沙渡路合兴坊15号),曾有一幢两层楼房。1935至1936年间,中共中央文库就设于此,保管着中共中央创立至1933年迁往苏区前的2万余份"比黄金还要珍贵"的机密档案文件。1932年下半年,考虑到中共中央文库负责人张唯一工作繁重,中央决定将保护任务移交陈为人负责。1935年2月19日晚,上海多个党的重要机关突遭破坏,张唯一、韩慧英相继被捕,陈为人立即以每月30银圆的高价,租下了小沙渡路合兴坊15号的两层楼房,文库被安全转移至此。1936年4月,因陈为人病重,中央决定将文库转交中央特科徐强负责,后辗转至上海解放后完璧上交中央。原建筑因市政建设拆除,所在地块被改建为联谊西康大厦。

南市发电厂,位于今黄浦区(原南市区)望达路 55 号的南市发电厂旧址。其从 1897 年创建到 2007 年关闭,恰好走过 110 载峥嵘岁月。从 1897 年创立南市电灯厂,历经 1918 年内地电灯公司与华商电车公司合并组成华商电气股份有限公司、抗战期间停工、1954 年公私合营成立南市电力公司、1955 年成立南市发电厂,至 2007 年,为了配合上海电力工业"上大压小"的战略转型,以及出于世博会的建设需要,南市发电厂 3 台机组先后停止运行。2012 年 10 月,修缮一新的上海当代艺术博物馆正式对公众开放。这座既蕴藏了城市历史底蕴,又符合国际艺术发展潮流的建筑,与周边后续利用的世博场馆紧密互动,形成上海新的文化设施、文化创意产业集聚区。

此外,如今上海中心城区的 12 片历史文化风貌区和 64 条永不拓宽的马路,也大多是在这个时期建成的。

(二) 第二个时期: 1949 至 1989 年

从上海解放到浦东开发开放前夕的 40 年,是中国共产党在上海执政,上海获得新生的历史时期。这个时期上海新增的红色建筑不多,但也有数处典型的建筑值得一提。

海军上海博览馆,以翔实的史料分别描绘了我国古代海军史上的众多壮丽篇章,揭示了鸦片战争后中国海军在向近现代化转变中的坎坷,展示了人民海军自 1949 年 4 月 23 日诞生后成长壮大的历程。于 1991 年在"长江舰纪念馆"原址上创建,建筑面积 18 000 平方米,展区面积 6 000 平方米,有海军历史馆、海军兵器馆、海洋贝壳馆、轻武器射击馆等 7 个展馆。

曹杨新村,始建于 1951 年,是新中国的第一个工人新村,是"上海工人之家"的摇篮,是全国街道工作的典范,曾居住过 200 多位劳动模范、先进工作者。70 多年来,曹杨新村始终秉承"惜时守信、敢为人先、无私奉献、再铸辉煌"的曹杨精神,先后获得"全国文明单位""中国街道之星"等殊荣,是上海市委、市政府命名的上海市"十面红旗"之一。如今,曹杨新村已发展为拥有优质教育、医疗、文化、科技、环境、交通等资源的大型成熟社区,人居环境优越。整个社区占地 214 万平方米,住户 3.2 万余户,居民 10 万余人。住宅建筑总面积 200 余万平方米,为上海市中心城区拥有 10 万余人口的大型居住社区。

上海展览中心,建成于 1955 年,由苏联中央设计院设计,主要建筑师是苏联的安德烈耶夫。它是新中国成立后上海第一座大型建筑,顶上的红五星一度是上海最高点。起初叫"中苏友好大厦",后易名为"上海工业展览馆",1984 年定名为"上海展览中心"。现在仍是上海市主要的会议中心和重要的展览场馆。大厦坐北朝南，正南为大广场，有大厦音乐喷泉，总面积9万多平方米。主楼矗立正中，上竖镏金钢塔，与主塔相辅辉映，金光灿烂，被评为"新中国八大红色建筑"之一。

"南京路上好八连"事迹展览馆，位于今宝山区沪太路3100号，建成于1963年。1993年4月在八连命名30周年大庆前进行了一次扩建装修，改名为事迹展览馆。2003年为迎接"好八连"命名40周年，对展馆又重新进行了布置和装修，配置了触摸式电脑查询系统、大屏幕电视投影等设施，再加上灯光、音响和多媒体效果，形成一个融思想性、艺术性为一体的国防教育基地。

陈毅广场，位于今外滩南京东路路口，是为纪念新中国上海市第一任市长陈毅而建。现在已经成为上海著名的旅游景点，吸引着众多市民和中外游客前来瞻仰，丰富了市民的夜生活。广场上的陈毅塑像用青铜浇注，高5.6米；底座用红色磨光花岗石砌成，高3.5米。塑像再现了陈毅同志视察工作时的典型姿态，既显示了他一路风尘、勤勤恳恳的公仆形象，又展示出他和蔼可亲、虚怀若谷的儒将风度。位于陈毅塑像南面的陈毅广场涌泉，其造型是外周正方、内圈椭圆的现代化喷水池。水柱随着声音喷射，时高时低。池底安装了彩色的光源，夜晚随着灯光的变换，条条水柱辉映出红、黄、蓝、绿的光束，为外滩增添了瑰丽的夜景。

（三）第三个时期：1990 至 2021 年

从浦东开发开放到全面建成小康社会的30多年，包括中国特色社会主义新时代，是上海红色建筑兴建最多、增加最快的历史时期。

今坐落于外滩黄浦公园内下沉广场的上海市人民英雄纪念塔，建成于1993年，建筑面积1.6万平方米，是为缅怀自1840年以来为解放上海而献出生命的革命先烈而建成的纪念性建筑。纪念塔的组成和布局带有中国建筑讲究抑扬顿挫、高低起伏的节奏感。巨大的下沉式广场是人们瞻仰和怀念先烈的主要空间。环形的墙面镌刻着上海百年来的革命斗争历史，是回顾历史、追忆先烈的主要场地。广场的下沉式处理一方面阻隔了城市视觉的干扰，另一方面也大大减弱了城市交通噪声，使人们能沉浸在相对洁净的纪念性气氛中。三根拔地而起的擎天巨柱，宛若无言的丰碑，追念着鸦片战争、五四运动、解放战争以来英勇献身的革命先驱。塔身巍峨雄伟，三根巨柱象征着烈士们的永垂不朽。每当人们置身塔下，仰望塔顶，一根根挺拔的线条垂直向上，将人们的思绪引向天空，引向无限，敬意油然而生。

上海鲁迅纪念馆，位于今虹口区甜爱路200号，是新中国成立后建成的第一座人物性纪念馆。馆舍位于上海市虹口区鲁迅公园内。1994年上海鲁迅纪念馆被命名为"上海市爱国主义教育基地"，2001年被命名为"全国爱国主义教育示范基地"，2008年被评为首批"国家一级博物馆"。纪念馆现有重要藏品8万余件，以手稿、遗物、文献和版画为大宗。此外，上海鲁迅纪念馆还藏有一批供学术研究和社会教育用的各类中外文专业图书资料。纪念馆同时负责管理全国重点文物保护单位"鲁迅墓"和上海市文物保护单位"上海鲁迅故居"，前者位于今虹口区四川北路2288号（鲁迅公园内），后者位于今虹口区山阴路132弄9号，都是重要的红色建筑。

龙华革命烈士纪念地，位于今徐汇区龙华西路180号，于1995年正式建成。建成后先后被公布为"全国重点文物保护单位""全国重点烈士纪念建筑物保护单位""全国百个爱国主义教育示范基地""全国红色旅游经典景点""上海市党史教育基地和青少年教育基地"。20多年来，陵园通过开展富有成效的理想信念教育活动，传播优秀文化，激励和鼓舞共和国一代为共创社会主义和谐社会而努力奋斗，勇敢肩负起时代赋予的重任。

陈云故居，坐落于陈云出生地青浦区练塘镇，占地面积4 333.34平方米，建筑面积7 000余平方米。分4个展区，共2 500平方米的展示面积。在"陈云故居"和"青浦革命历史陈列馆"原址的基础上，于2000年6月6日陈云95周年诞辰之际建成开馆。2005年6月8日陈云100周年诞辰之际，陈云铜像在纪念馆落成。纪念馆由铜像广场、主馆、陈云文物馆、陈云故居、陈云手迹碑廊和文化创意街组成。纪念馆先后被命名为"全国爱国主义教育示范基地""全国廉政教育基地""国家一级博物馆""上海市爱国主义教育基地""上海市文明单位""上海市红色文化体验基地"等。

上海解放纪念馆，位于今宝山区宝杨路599号，于2006年5月26日正式开放。展馆面积约1 500平方米，由序厅、主展厅和大型多媒体主题情景剧场组成。展馆陈列以上海战役实施"钳击吴淞、解放上海"的战役决策为主线，重点展示了解放军将国民党守军主力吸引到郊区并将其歼灭，从而保全上海市区的主要事迹。序厅由解放军钳形攻势、冲锋前进的装置艺术场景、主题雕塑和功勋柱三大艺术形象组成，寓意解放军前仆后继、浴血奋战，取得上海战役的伟大胜利。主展厅除近200幅图片和100余件实物外，还有用声光电先进技术制作的动态军事地图、再现战斗场面的场景复原、多媒体幻影成像和影视短片、国民党军队防御工事碉堡及深水壕沟的复原场景，以及描绘解放军指战员英勇形象的油画、雕塑等艺术作品。"钳击吴淞、解放上海"大型多媒体情景剧场，采用传统场景制作与现代多媒体幻影成像、视频投影及声光电仿真技术融为一体的展示手段，再现了当年上海战役的局部战斗情景，让观众在强烈的视听震撼中受到深刻的教育。

上海交通大学钱学森图书馆,位于今上海市徐汇区华山路1800号,坐落于上海交通大学徐汇校区,于2011年12月11日在钱学森百年诞辰之际正式建成并对外开放。总用地面积9300平方米,总建筑面积8188平方米,地下一层,地上三层,陈展面积约3200余平方米。馆内设有资料厅、专题展厅、学术交流厅等文化设施。钱学森图书馆藏有钱学森文献、手稿、书籍、珍贵图片、实物等62000余件。基本陈展"人民科学家钱学森"以专题编排的形式反映钱学森的光辉业绩与伟大精神,分为"中国航天事业奠基人""科学技术前沿的开拓者""人民科学家风范"和"战略科学家的成功之道"4个部分,展出文献和实物近15000件。

位于今浦东陆家嘴的现代建筑群,与浦西外滩"万国建筑博览群"遥相呼应,成为上海黄浦江两岸最华美的景观。其中中国第一、世界第二高楼上海中心大厦,与一旁的环球金融中心、金茂大厦的组合造型,被网友调侃为"厨房三件套"——开瓶器、注射器与打蛋器。"开瓶器"是上海环球金融中心,于2008年8月竣工,楼高492米,地上共101层。"注射器"是金茂大厦,于1999年3月18日竣工,楼高420.5米,地上88层,若再加上尖塔的楼层共有93层。"打蛋器"则是上海中心大厦,于2013年8月3日主体结构封顶,总高为632米,结构高度为580米,由地上121层主楼、5层裙楼和5层地下室组成。陆家嘴现代建筑群展示了浦东开发开放乃至整个上海改革开放和现代化建设的重要成就。

总之,如今的上海红色建筑仍然鳞次栉比、风格各异,红色基因也极为深厚,育人资源十分丰富。本书摘取的只是其中的一部分红色建筑,仍有很大的挖掘、提升空间。

三、拓展阅读:传承红色记忆,老上海宾馆饭店暗藏接头地点①

100年前的上海滩,新式大旅社只有"三东一品",即大东、东亚、远东、一品香四家。大东旅社位于永安公司楼上。1919年6月16日,来自21个省和地区的学生代表60余人在上海大东旅社召开了第一次全国学生代表大会。共产国际代表马林也曾居住于此。中共中央特科成员也曾在大东旅社附近成功伏击射杀了当时的特务首脑、时任上海市公安局督察马绍武。

---

① 方翔.传承红色记忆,老上海宾馆饭店暗藏接头地点[N].新民晚报,2018-02-15.

据上海大学文学院历史系教授、博士生导师徐有威介绍，一品香最早开设在上海英租界四马路（今福州路），是清末著名的西餐馆。1918年，一品香从四马路迁到西藏路270号，今来福士广场原址，改名一品香大旅社，并办中西酒席，一度成为众多社会活动举行的空间。如在1931年，阳翰笙、夏衍、阿英、冯雪峰、楼适夷和丁玲等中国左翼作家联盟（简称"左联"）成员来到一品香，与中共地下党员宣侠父秘密会见，商谈成立湖风书店事宜。

后来，新开的大旅社逐渐成为饭店。其中不少目前依然存在，像国际饭店、金门饭店等，有些虽名为饭店、酒店，但大都自建大型旅馆，其中也有不少红色传奇。

对于爵禄饭店，当下许多年轻人或许会感到陌生。爵禄饭店位于西藏路与汉口路交叉口，是当时的"大亨"杜月笙、黄金荣、徐定生等于1927年开设的。据记载，爵禄饭店是一个中型、中档的饭店，当时的上层人物和达官贵人不会去，寻常百姓也不会去，因而比较安全。《鲁迅日记》中记载，"晚同雪峰往爵禄饭店"。当时会面，鲁迅由冯雪峰陪同，李立三由潘汉年陪同。共产党员冯雪峰原是柔石的同学，经柔石介绍认识了鲁迅，后来成了中共与鲁迅之间最密切的联络人。

据纪文编的《左联大事年表》和有关回忆录，左联开过四次全体大会，其中第一次全体大会就是1930年4月29日在爵禄饭店举行的。

当时，爵禄饭店已成为白色恐怖下党的接头地点之一。事实上，当时的地下工作者常常利用饭店来作掩护。1937年3月底，中共中央主要负责人之一、中央革命军事委员会副主席周恩来重返上海。据徐有威研究，周恩来的许多秘密会见都是在饭店内进行的。

1937年7月，通过中共在上海的秘密战线负责人潘汉年的安排，周恩来就在其下榻的新亚酒店秘密会见了刚回国寓居上海的叶挺。位于天潼路和四川北路交叉口的新亚酒店，距离黄浦路浦江饭店1 000米左右。它是上海最早由中国人自己集资、自行设计、自己兴建和管理的大型综合饭店，在东南亚一带享有盛誉。这里也是地下党人的接头地点。

参考文献

[1] 上海市委党史研究室.中国共产党上海史（上册）[M].上海：上海人民出版社,1999.
[2] 熊月之,周武.上海——一座现代化都市的编年史[M].上海：上海书店出版社,2007.
[3] 熊月之.光明的摇篮[M].上海：上海人民出版社,2021.

［4］张安朴.邬达克留给上海的30幢经典老建筑［M］.上海：上海人民美术出版社,2017.

［5］伍江.上海百年建筑史［M］.上海：同济大学出版社,2008.

［6］薛顺生.上海老建筑［M］.上海：同济大学出版社,2002.

［7］［意］Luigi Novelli.上海建筑百年(新版)［M］.上海：上海教育出版社,2008.

［8］罗小未.上海建筑指南［M］.上海：上海人民美术出版社,1996.

（本章由上海市中共党史学会副会长徐光寿教授撰写）

第一讲　镶嵌在外滩建筑群中的红色故事

上海是近代中国最早对外开埠并设立租界的城市。外滩建筑群是西方列强侵略中国的产物,在其雄伟的外表下发生了很多令中国人民感到十分屈辱的故事。同时,外滩建筑群共29幢建筑,也蕴含了丰富的红色故事。上海海关大楼播放音乐主题的变化、黄浦公园门前人物雕塑的变迁、汇丰银行总部变更为上海浦东发展银行,都是上海人民反帝反封建斗争的胜利成果和重要象征。上海人民英雄纪念塔则是近代上海人民反抗外来侵略和反动统治、争取民族独立和人民解放的重要历史见证。

本讲问题

1. 为什么近代西方列强首先在上海开辟租界?
2. 上海海关大楼音乐主题的变化反映了新旧上海怎样的变化?
3. 上海人民英雄纪念塔及浮雕构造有什么寓意?
4. 从黄浦公园门前的赫德雕塑到陈毅雕塑的变迁,说明了什么?

一、外滩的故事就是上海的故事

课程导入

刘素英(上海城建职业学院马克思主义学院副教授):今天我们相约在上海外滩,开展本课程的第一讲:"镶嵌在外滩建筑群中的红色故事",既学习、感受百年外滩的非凡建筑艺术,同时也进行百年党史和改革开放史的教育,追忆、缅怀革命先烈在这里演绎的红色故事。

2020年是第一个中国共产党组织在上海成立100周年,也是鸦片战争爆发、中国进入近代历史时期180周年。2021年是中国共产党百年华诞。100多年来,上海从清王朝统治之下的江苏省松江府上海县为起点,面积仅有2平方千米的老城厢,经历了率先开埠、率先设立租界、城区面积的三次跨越和产业结构的三次转型,逐步发展为如今的"改革开放排头兵"和"创新发展先行者",成为社会主义现代化国际大都市。

在上海城区的第一次跨越中,上海开始跨越老城厢的城墙,向城外发展,先后出现英租界、法租界和美租界,城市规模迅猛扩大到租界所在的"北区",并最早出现了外滩建筑群。今天,我们站在外滩,放眼望去,静谧、祥和,游人如织,闻名中外的外滩建筑群令人流连忘返。然而,在光鲜亮丽的外滩建筑背后,有很多值得我们永远铭记的历史记忆。抚今追昔,鉴往知来,挖掘建筑背后那些鲜为人知的往事,既是对历史的回望,也警示我们要珍惜来之不易的美好生活。

今天由我主持现场教学。党史专家徐光寿教授、建筑专家周培元副教授将从各自专业的视角分别向我们讲述外滩建筑群的形成历史和建筑特色,共同追忆那些镶嵌在历史建筑中的红色故事。

外滩建筑群的形成,与一个历史名词息息相关:租界。大家知道我们面前的外滩建筑群位于上海昔日的哪个租界吗? 大体建成于什么年代吗?

首先有请徐光寿教授对上海租界的由来做一番简要介绍。

(一) 上海租界的由来

徐光寿(上海市中共党史学会副会长、中共上海市委党史研究室特约研究员、上海立信会计金融学院马克思主义学院教授):我们先来了解一下上海租界的由来。

租界是西方列强入侵的产物。近代中国出现租界的城市很多,无一例外地都集中在沿海沿江的城市,包括出现公共租界的上海、厦门。上海的公共租界位于黄浦江西岸和吴淞江两岸,厦门的公共租界则位于四周环海的鼓浪屿上。大家说说,这是为什么呢? 因为这些沿海沿江的城市都在列强坚船能到达之处和利炮的射程之内。其中,上海租界开辟最早、历时最长、面积最大,而且是由 3 个发达的资本主义国家英、美、法主导建立的。从 1845 年 11 月 29 日英租界率先设立,至 1945 年抗战胜利之际实际收回,历时整整 100 年。

大家知道,鸦片战争中中国战败,清政府被迫于 1842 年 8 月 29 日同英国政府签订了近代中国第一个不平等条约《南京条约》,被迫开放广州、厦门、福州、宁波、上海 5 个通商口岸。大家请注意,这里居然把上海摆在最末一位,为什么? 这在当时是有道理的。当时的上海可不是现在的大上海!"五口"中就数上海行政级别最低,虽被称为富甲一方的"东南壮县",但毕竟只是一座县城,不像其他"四口"有的是州城,有的还是省城。尤其广州,还是中国的南大门,是鸦片战争前唯一对外通商的口岸,重要性不言而喻,当然被排在"五口"之首。因为清政府对上海最不重视,所以上海开埠的阻力也最小,实际开埠也就最早。1843 年 11 月英国首任驻上海领事巴富尔来沪,17 日宣布上海开埠。

《南京条约》规定:准许英国商人携带家眷在各通商口岸租住房屋,作为居留地。次年的《五口通商条约》条约进一步规定,英国人也可在通商口岸租地建屋。当时上海县城被城墙环绕,对外封闭,面积仅有 2 平方千米,居民却有 20 多万,房屋密集,街道狭窄,人口稠密(堪称当时世界上人口最稠密的地方)。英国人不愿在县城之内这样狭小、拥挤的地方与华人居住在一起,他们更习惯于按照自己的方式去圈地、居住、生活。于是,英国领事巴富尔向上海道台宫慕久提出租地建屋、建立租界的要求后,宫慕久也怕华洋杂居易生事端,不好管理,就让他自己去寻找空地。

县城之内早已拥挤不堪,无地可租,巴富尔只能向城外寻找。他以航运通畅、贸易便捷、便于掌控的标准,看中了吴淞江(后来被英国人称作苏州河,因为轮船可由此直达当时名气远大于上海、号称"江南十府"之首的苏州城)、黄浦江交汇处的土地,正是我们脚下的这片土地。

1845 年 11 月中英达成开辟英租界的协议,正式确定第一块租界位于李家场以南(近吴淞江),洋泾浜(今延安东路)以北,黄浦江以西,约 830 亩(约为 0.553 平方千米)。今天闻名遐迩的外滩和气势恢宏的外滩建筑群就位于英租界。此后英租界不断扩大,并与美国租界合并为公共租界。稍后,法国人在老城厢以西单独建起的法租界。于是,近代上海出现了两大租界,构建起近代上海"三界四方"、华洋杂居的格局。

一方面,上海租界是对中国领土和主权的侵略与干预,具有侵略性、破坏性,破坏了中国自给自足的自然经济和独立自主的政治地位;另一方面,租界也带来了西方先进的生产技术和科学技术,带来了新颖的城建、交通、生活理念甚至思想文化观念。到 20 世纪二三十年代,上海已成为中国最摩登的城市,被誉为"东方的巴黎"。租界也成为近代中国各种新生政治力量孕育、活动的主要场所。不仅资产阶级维新派、革命派集中于此开展维新、革命运动,上海也是马克思主义在中国最早和最主要的传播地,还是中国共产党的诞生地,并且中共中央在上海驻留12 年之久。上海成为中国第一块红色圣地,与陕西的延安都是民主革命时期党中央驻留时间较长的地方。因此,租界既被称为"冒险家的乐园",也被誉为"红色文化源头"。

(二) 外滩建筑群的由来

周培元(上海城建职业学院建筑与环境艺术学院副教授、全国住建部高职建筑规划类教学指导委员会委员)：外滩是"东方明珠上海的第一名片"(见图1-1)。外滩建筑群被誉为"万国建筑博览群"。

图1-1 外滩日景

外滩是上海的标志,也是一张城市名片,又是很多来上海的游客必定前往之处。然而在外滩与苏州河的交界处,还有一片幽静之地,就是外滩源。顾名思义,所谓外滩源就是指外滩的起源或是源头。当年的外滩就是以这里为起点,一点一点向南建造和延伸的,最终造就了别具特色的万国建筑群。那一幢幢造型优美、风格迥异的建筑,沿着黄浦江岸蜿蜒伸展,鳞次栉比,宛若凝固的音符,钢筋水泥勾勒出它们刚健的线条、雄浑的轮廓,砖柱穹顶堆砌出它们雍容的气势。

诚如刚才徐光寿教授所言,外滩建筑群位于近代上海的公共租界内。从1845年11月上海租界开辟,至20世纪30年代,经过80余年的筑路、建楼和改造,曾经荒草丛生的芦苇荡、芦柴滩,基本建成了今天外滩建筑群的模样。我们今天看到的已经是第三代的外滩建筑群。后筑成黄浦路,1945年抗战胜利时更名为如今的中山东一路。

1996年11月20日,外滩建筑群以近现代重要史迹及代表性建筑类,被公布为第四批全国重点文物保护单位。

2015 年 4 月,住建部、国家文物局公布外滩等全国 30 个街区为第一批中国历史文化街区。其中,外滩是上海市唯一入选的历史文化街区。现正在积极准备申报世界文化遗产。

外滩建筑群是海派文化在建筑上的重要体现。外滩可以说是上海的城市缩影,浦西外滩万国建筑博览群象征着繁华的海派文化,彰显出大上海开放、包容的城市品格,代表着上海的过去。

有人说"外滩的故事就是上海的故事"。外滩那一座座钢筋水泥的楼宇,讲述着旧上海滩如梦般繁华的往事。

外滩是上海半个多世纪的城市象征。总占地约 1.008 平方千米,跨黄浦、虹口两个区。外滩分为广义与狭义两种。

广义的外滩,包括北外滩、外滩两部分,甚至延伸到老城厢的小东门外,连接十六铺码头、大达码头的江边区域。

狭义的外滩,北起外白渡桥,南抵延安东路,东面靠着黄浦江,西侧是新古典主义式、文艺复兴式、哥特式、巴洛克式、折中主义、装饰艺术派风格等风格迥异的大厦,外滩的精华就在于这些被称为"万国建筑博览"的外滩建筑群。著名的中国银行大楼、和平饭店、海关大楼、汇丰银行大楼再现了昔日"远东华尔街"的风采。无论是极目远眺还是徜徉其间,都能感受到一种刚健、雄浑、雍容、华贵的气势。人们今天常讲的外滩,实际上是狭义的外滩。

外滩长期以来一直是上海标志性的景点。到上海必游外滩,否则就等于没来过上海。外滩建筑群可用三句话来概括:建筑艺术卓越、红色资源丰富、地标性质鲜明。

刘素英:聆听了两位专家的讲授,我们知道了上海租界是西方列强入侵的产物,外滩建筑群是东西方文化交汇的结晶。那么,在上海外滩建筑群背后,有哪些值得铭记的红色故事呢?让我们先从身边的上海市人民英雄纪念塔讲起。我们看到纪念塔由三块枪状的塔体组成,你知道它的寓意吗?

二、阅读外滩建筑,聆听建筑背后的故事

(一) 从黄浦公园到人民英雄纪念塔

徐光寿:刚才周老师介绍了上海外滩开埠以后 80 余年间筑路、建楼的历史,形成了今天气势恢宏的外滩建筑群的大致轮廓。大家是否知道,在外滩筑路建楼的同

时,也曾建造过一座公园? 这就是旧上海大名鼎鼎的黄浦公园,也称外滩公园。它是上海最早的欧式花园,建成于 1868 年,是外滩百年沧桑变化的历史见证。

但是,黄浦公园一度臭名昭著。因为在公园门口曾经挂出过"华人与狗不得入内"的牌子,是上海乃至中国人民奇耻大辱的历史见证。我们明白,公园当然需要管理,但在中国自己的土地上不仅明目张胆地限制这片土地的主人华人进入,更可恶的是,把华人与中国传统文化观念中的低等动物狗相提并论,这不能不说是对国人乃至国家的侮辱。据租界各报多次记载,这块牌子挂出后,屡屡被摘下、涂画甚至砸烂,说明不得人心。

黄浦公园禁止华人入内游览,只是上海开埠以后租界当局歧视华人的表现之一。工部局董事会就是突出的事例。虽然华人缴纳税款最多,但在董事会内长期没有代表。1894 年以后,租界的一些公共场所公开规定"华人不准入场",更是对中国、对华人的歧视性规定。

如今,上海早已回到中国人民的手中,人民翻身解放成了上海的主人。就在当年的黄浦公园旧址,取代"华人与狗不得入内"牌子的,是象征近代上海反抗外来侵略争取民族独立和人民解放的巍然屹立的上海人民英雄纪念塔。塔底免费开放的外滩历史纪念馆,展示了一部近代以来中华民族的百年奋斗史。

请大家到下沉广场继续参观,感受上海的革命历史。

上海人民英雄纪念塔坐落在外滩黄浦公园的北侧,位于黄浦江和苏州河的交汇处,是上海著名的红色建筑之一(见图 1-2)。纪念塔由上海同济大学设计,建成于 1994 年,总高 60 米,外形呈巨大的"A"字形,由 3 块枪状塔体组成,分别象征鸦片战争、五四运动、解放战争三大历史事件。塔身线条简洁、明快,造型稳定、挺拔,像 3 支长枪直指青天,寓意深刻,是为了缅怀自 1840 年以来为解放上海而献出生命的革命先烈。

下沉广场的墙壁是一组展现上海百年风云变幻的大型花岗石浮雕,就位于我们脚下的外滩公园下沉式圆岛上。浮雕全长 120 米,高 3.8 米,面积达 450 多平方米。浮雕主题与纪念塔相呼应,以写实手法撷取具有典型意义的历史事件,表现了从 1840 年至 1949 年共 110 年间上海人民反帝反封建的革命斗争。两翼为装饰性的花环图案,表达了上海人民对革命先烈的缅怀之情。浮雕分为 7 组,刻画了 97 个典型人物,彰显了先烈们伟大的斗争业绩和牺牲精神。

此时此刻,由此上溯到 1840 年鸦片战争,我们深切缅怀英勇的革命先辈。为了反对内外敌人,争取民族独立和人民解放,争取国家富强和人民幸福,在上海发生的历次斗争中英勇牺牲的人民英雄们永垂不朽。

图 1-2 上海人民英雄纪念塔夜景

刘素英: 谢谢徐教授的精彩讲述,屹然挺立的上海人民英雄纪念塔,是中国人民反抗列强侵略、争取民族独立和解放的不朽丰碑。经过中国人民不屈不挠的努力,1949 年中华人民共和国成立,中国人民从此站起来了。新中国的第一任上海市市长是陈毅。前面就是陈毅广场,有一个地标性建筑——陈毅市长雕像。下面请继续聆听专家的讲述。

(二) 从赫德雕像到陈毅市长雕像

周培元: 赫德 19 岁到香港,在港督府任职,后任粤海关副税务司。第二次鸦片战争中国与各国签订《天津条约》,"外人帮办税务"的制度在全国推广,于是中国设立"海关总税务司",相当于今日"海关总署"。1863 年赫德出任总税务司,直到 1908 年告老还乡,任职长达 45 年之久。赫德像于 1914 年 5 月 23 日揭幕,就立在江海北关大门外,正面朝北,望着外滩的车水马龙。1927 年海关新楼建成后,改为朝西,面对海关大门,注视着每天忙进忙出的工作人员。1941 年太平洋战争爆发后,巴夏礼和赫德铜像及其他雕塑均被日伪拆除。

城市雕塑关乎一个城市的精神取向，上海的城雕从不是局限在工作室甚至博物馆的艺术，而是与这座城市的精神气质乃至传统形成息息相关。如果说，赫德像是上海从开埠到成为国际都市的历史中外来政治、经济和文化力量的遗留，那陈毅对上海而言，就标志着一个新时代的开始。任何城市记忆的书写，都是从符号开始的。事实也证明了这一点。赫德像曾是上海最著名的雕像之一，而陈毅像现在已经成了上海的城市标志之一（见图1-3）。

图1-3　矗立在外滩的新中国第一任上海市市长陈毅雕塑

（三）陈毅等从北外滩出发赴法勤工俭学的故事

徐光寿：现在请大家顺着我的手指向北眺望，那是被称为"北外滩"的黄浦江北岸（见图1-4）。今天的虹口区、杨浦区滨江地带，曾经是上海远洋轮船码头——黄浦码头所在地。1919年3月17日至1920年12月底，在中国共产党诞生前夜，在全国范围内曾掀起了一股远赴法国勤工俭学的热潮。为了追求救国救民之道，前后逾20批次、超过1 600名的青年才俊与先进分子，陆续从这里出发奔赴法国。其中四川人、湖南人约占总人数的一半；特别是仅四川（含今重庆）一省就有378人，为全国之最。

中华人民共和国成立之后，在这批赴法勤工俭学的青年才俊和先进分子中，担任党和国家领导人要职的就有周恩来、邓小平、陈毅、聂荣臻、李富春、李维汉、李立三、徐特立、蔡畅、许德珩等，都是当时从上海北外滩的黄浦码头出发赴法的学生。年纪最小的学生，就是时年16岁的邓希贤（邓小平）。这场轰轰烈烈的赴法勤工俭学运动，为中国新民主主义革命培育一大批优秀的理论家和领导者提供了助力，为中国共产党储备了一大批中坚力量，也为近代中国造就了一大批科学文化事业的栋梁之材。

一批又一批有志青年怀揣追求真理、振兴中华的梦想，从黄浦江畔远渡重洋，踏

图 1-4　昔日北外滩黄浦码头今貌

上了上下求索之路。在中华人民共和国成立之前,一批批赴法勤工俭学的学生成长为中国共产党党员,为中国革命奉献自己全部的力量,乃至生命。

刘素英:陈毅雕像取代赫德雕像,标志着一个新时代的开始。陈毅雕像现在是上海的城市标志之一,前面的外滩 12 号也是外滩的一个地标性建筑。外滩 12 号曾是汇丰银行,也是今天的上海浦发银行所在地。那么,外滩 12 号是什么建筑风格? 建筑设计师是谁? 有什么故事呢?

(四) 从建筑角度讲述从昔日的汇丰银行到今日的上海浦发银行

周培元:汇丰银行又叫外滩 12 号(见图 1-5),由著名的英资建筑设计机构公和洋行设计,被认为是中国近代西方新古典主义建筑的最高杰作,同时也被称为"从苏伊士运河到远东白令海峡最讲究的建筑"。整栋建筑体态雄伟、气势恢宏,主体高五层,中央部分高七层,中部的穹顶设计形似罗马万神殿建筑,外立面采用"三段式"六根罗马复合柱贯通二至四层,增加了建筑的立体感,典雅庄重,雄伟壮观。

在 20 世纪 30 年代,这座建筑曾是当时远东最宏大、最气派的银行建筑,也是世

图 1 - 5　位于外滩 12 号的原汇丰银行(今上海浦发银行)大厦

界第二大银行建筑,仅次于英国的苏格兰银行大楼。之后几经易主,太平洋战争爆发后,日本横滨金正银行一度占据此楼。抗战结束后汇丰银行迁回。1949 年,汇丰银行在华分支机构停业。1955 年上海市人民政府曾进驻这里。因此老上海也把这里叫作市府大楼。

这座建筑的穹顶壁画非常考究,可以说是中西合璧的完美呈现:有黄道十二宫、太阳神、月神,以及 8 幅马赛克镶嵌的壁画。穹顶中心的太阳神图案,是号称"日不落帝国"的大英帝国的象征。外圈第二层是 12 星座,环绕着太阳在宇宙间运行。第三层的人间图案则是汇丰银行各分行的所在地城市,分别为:上海、香港、伦敦、巴黎、纽约、曼谷、加尔各答、东京。图案分别以各处分行的建筑为背景,以自由女神等 8 位天神为象征,展示了汇丰银行在全球的业务发展和资本扩张。

据资料记载,在汇丰银行撤出大楼后,1956 年建筑进行维修,专家建议将这些壁画用涂料覆盖。1997 年 11 月被修缮人员发现才重见天日。浦东发展银行遂出资将其修复,只是画面中的汇丰银行标志改成了浦发银行标志。

(五) 从金融角度讲述从昔日的汇丰银行到今日的上海浦发银行

徐光寿: 曾几何时,汇丰银行以殖民姿态进入中国,不仅是近代中国最大的外资银行,也是近代中国实力最为雄厚的银行。汇丰银行伙同其他列强在华银行,组成外国银行团。无论是六国银行团、五国银行团还是四国银行团,汇丰银行都是实际操纵者。这些银行虽然在客观上给近代中国带来了先进的金融业,使近代上海成为中国乃至远东金融中心,但是,它们以金融控制为手段,手握在华发行货币的特权,主宰晚清政府和民国政府,大肆进行经济掠夺,其本质是侵略。

历史车轮滚滚向前。改革开放 40 多年来,我们大力发展生产力,尽快解决人民日益增长的物质文化需要同落后的社会生产之间的矛盾。为此,我们需要广泛吸收国外的资金、技术和人才,为现代化建设服务。1990 年 4 月,中央决定开发开放上海浦东,作为长江经济带整体发展的龙头。1995 年上海浦东发展银行组建,就使用了汇丰银行大楼的旧址。2000 年 5 月,在撤离上海半个世纪后,汇丰银行中国业务总部落户上海浦东,成为浦东开发开放的历史见证。

当然,改革开放后重新进入上海的汇丰银行,早已不是 1949 年以前的汇丰银行。过去外资进入上海,我们只能被迫接受;而改革开放后外资再进来,要严格遵守中国的法律,本质上是平等合作、互惠互利。目前,按照党中央对上海发展的新要求,中国自由贸易区在上海建立先行先试,正逐步向全国推广。展望未来,上海要成为包括国际金融中心在内的五大中心,相信包括汇丰银行在内的外资银行必能发挥应有的作用。

刘素英: 当年的汇丰银行旧址,已成为浦东开发开放的历史见证。海关大楼响起的音乐,也有一个意味深长的故事,请周老师给我们分享海关大楼的故事。

(六) 上海海关大楼响起的东方红音乐

周培元: 外滩的浪漫一定少不了海关大楼整点敲响的钟声。如果运气不错,我们能够听到上海海关大楼在整点时播放的音乐,让我们驻足聆听一下。

上海海关大楼(见图 1-6)位于今外滩中山东一路 13 号,其建筑风格的演变浓缩了一段上海城市发展史。20 世纪 20 年代,上海海关大楼由公和洋行的威尔逊设计,选择了有节制的古典主义风格,简洁而现代,又带一点当年最时髦的装饰艺术风的味道,总体属于新古典主义,正立面是典型的多立克柱式。

上海海关大楼高 8 层,上面有高大的钟楼,海关大楼的大钟与英国伦敦国会大

图 1-6 位于外滩 13 号的上海海关大楼

厦的大本钟出自同一制造商,结构也一模一样。这么多年来,海关钟声经历了 4 次变化。

海关大楼刚刚建成时被称为"江海关"。其和武汉"江汉关",以及其他海关用的都是英国古典名曲《威斯敏斯特》。1966 年,全中国大小海关统一改为《东方红》的音乐。20 世纪 90 年代上海浦东开发开放后,为了招商引资给欧美外商一种归属感、认同感,《威斯敏斯特》又回到了外滩的上空。至 2003 年,《东方红》乐曲又一次取代了《威斯敏斯特》。

刘素英:上海海关大楼音乐内容的变化也反映了上海的时代变迁。中国银行大厦也是外滩的地标性建筑之一,其间发生了什么故事呢? 中国银行的历史你了解吗? 我们继续请周老师讲述。

(七) 比沙逊大厦矮一点的中国银行

周培元:在一个城市的成长过程中,必定会流传各种各样的建筑与人物的传说,烘托着城市的文化与历史记忆。这是城市历史的一部分,也是城市文化的符号。中国银行楼高之谜,无疑是其中之一。1934 年英商建筑设计事务所公和洋行为外滩中国银行设计新大楼时,堪称大手笔:一座双塔形的艺术装饰(Art-Deco)高层建筑,34层,最高处约91米,远高于隔壁沙逊大厦(今和平饭店)77米13层楼。当时设计效果图所配的文字令所有上海人异常振奋。

不料拆下脚手架,原本准备好好庆祝一番的上海人发现,落成后的大楼莫名其妙比沙逊大厦矮了一头。种种传说由此而生。其中流传最广的说法是,中国银行从34层楼降到18层楼,再降到17层楼,实际高度仅70余米,比13层楼高的沙逊大厦还低1米左右,完全是隔壁那位跷脚沙逊从中作梗所致。1979年出版的《上海的故事》中有一篇是《跷脚沙逊》,作者谢夫,他采纳了沙逊大厦老员工的口述回忆,这样写道:"当荷重34层的地基打好,准备动工向上建造的时候,跷脚沙逊竟蛮不讲理地说,这是公共租界,在他的附近造房子,不准高过他的沙逊大厦的金字塔顶……"他仗着身为高额纳税人,从租界工部局一路告状到了伦敦,硬生生将中国银行大楼压低了一头。

刘素英:谢谢周老师的讲述。

上海是中国共产党的诞生地,中共中央机关长期驻留上海达12年,因而上海成为中国红色文化的源头。上海百年外滩的红色故事还有很多,大家既可以通过我们本讲的链接故事继续学习,也可以在后面的课程中继续学习,还可以课外自习,分组学习、研讨。

(八) 互动与总结

刘素英:今天我们有幸聆听了两位专家精彩的现场教学,大家心里一定有很多感想。我也有一些感想同大家分享:

1. 民族独立、人民解放是旧上海的唯一出路

旧中国的上海外滩,虽然出现过繁荣,但不过是屈辱中的繁荣,是在西方列强和四大家族控制之下的繁荣,而且这种繁荣很快就被日本帝国主义的全面入侵粗暴地打断了。事实雄辩地证明,民族不独立、人民不解放,就不会有国家的富强和人民的幸福。

2. 只有中国共产党才能领导人民让旧上海焕发生机与活力

1949年5月27日,中国人民解放军解放上海,上海回到人民手中。70多年来,尤其改革开放40多年来,党中央果断实施浦东开发开放的发展战略,使上海焕发出无限生机和活力。进入新时代,上海正按照中央确立的"五大中心"的发展目标,朝着社会主义现代化国际大都市的方向扎实前进。

3. 上海是中国红色文化的源头,红色文化是上海文化的鲜亮底色

上海是近代中国最早对外开埠的城市之一,中国共产党在上海诞生,中共中央长期驻留上海,涌现了一大批革命先烈,留存了一大批红色遗迹,传播着无数的红色故事,凝聚并开创了近代百年的中国红色文化。百年红色文化与江南文化、海派文化,铸就了当代上海鲜明的文化品格,红色文化无疑是上海文化的鲜明底色。

4. 牢记我们当代青年的使命和担当

我们有幸生活在今天这样一个伟大的国家。我们身处的新时代,既是近代以来中华民族发展的最好时代,也是实现中华民族伟大复兴的最关键时代。广大青年既拥有广阔的发展空间,也承载着伟大的时代使命。习近平总书记在纪念五四运动100周年大会上的讲话中教导我们,一代人有一代人的长征,一代人有一代人的担当。今天我们可能不需要去抛头颅洒热血,新时代中国青年的使命,就是坚持中国共产党领导,同人民一道,为实现"两个一百年"奋斗目标、实现中华民族伟大复兴的中国梦而奋斗。

每个青年都应该勿忘历史,向革命先辈学习,志存高远、苦练本领、增长才干、砥砺奋斗,把自己的小我融入祖国的大我、人民的大我之中,与时代同步伐、与人民共命运。习近平总书记在全国抗击新冠疫情表彰大会上的讲话中对青年寄予了殷切的期望:青年是国家和民族的希望。青年一代不怕苦、不畏难、不惧牺牲,用臂膀扛起如山的责任,展现出青春激昂的风采,展现出中华民族的希望!

三、拓展阅读:周恩来在旧上海"神出鬼没"的往事①

在北外滩浦江饭店幽暗的三楼介绍饭店历史的长廊中,有一块特别的镜框,里面镶嵌着一张周恩来1973年站在上海大厦上手指前方的照片,并辅以中英文的详尽的解说词。它默默地告诉世人在《周恩来年谱》和《周恩来传》中没有提及的往事。

1937年3月底,身为中共中央主要负责人之一的周恩来来到上海,直到全民族抗战爆发才离去。这短暂的4个月中,周恩来利用和国民党进行谈判的四次途经上海的机会,运筹帷幄,指挥正在重建的上海地下党广泛开展抗日统一战线,动员社会各界迎接即将到来的全面抗战。

周恩来逗留上海期间,下榻的是天潼路和四川北路交叉口的新亚酒店(笔者按:

---

① 徐有威.周恩来在上海神出鬼没的往事[N].文汇学人,2016-07-14.

现改名为新亚大酒店,距离黄浦路浦江饭店 1 000 米左右)。周恩来曾经三次秘密会见上海地下党负责人,向上海地下党了解情况、沟通消息、布置任务。有一次,周恩来在贵州路的中国饭店秘密约见刘晓,为了安全起见,刘晓的夫人张毅亲自在饭店门口放哨。由此可见上海地下党处境的困难。

　　周恩来向刘晓等指出:上海地下党组织可以发展一点,但是不可以操之过急;要搞清楚党员的政治历史情况、阶级觉悟和政治品质;对负责干部要特别注意隐蔽的条件;只有适合搞上海地下工作的同志才能留下,其余的可以送到延安或者新四军地区,以此保护干部。七七事变爆发后,周恩来见刘晓时反复叮咛,要抓住全民族抗战的时机,放手发动群众,包括职工运动、学生运动、妇女运动等,都应该围绕抗战这个总任务,同时搞群众运动不能离开隐蔽原则,要注意保存和积蓄力量,要从长远打算,不能只看一时现象。

　　上海地下党按照周恩来的这些嘱咐,从上海的实际出发,使得上海的地下党在抗日烽火中得到了迅速的恢复和发展。最激动人心的是,新亚酒店还酝酿了新四军的诞生。

　　1937 年 7 月,周恩来在其下榻的新亚酒店通过潘汉年的安排,秘密会见了当时寓居上海的叶挺。叶挺于 1924 年入党,作为八一南昌起义前敌总指挥、广州起义军事总指挥,有着辉煌的战斗历史。1927 年广州起义失败后,叶挺被迫出国脱党。就在 1928 年他在柏林开饭店度日时,周恩来路过此地,曾经面见叶挺,对他进行了友好的劝导和批评。1936 年 5 月,潘汉年约见正隐居香港的叶挺,通报了党的最新主张,要求他继续为党工作。对此,叶挺非常兴奋,遇到熟人常高兴地说:"我现在好了,和那边(指中国共产党)联系上了,再也不是孤家寡人了!"也就是这次在香港的见面,为一年后周恩来和他在上海联手,奠定了坚实的基础。

参考文献

[1] 上海市委党史研究室.中国共产党上海史:上册[M].上海:上海人民出版社,1999.
[2] 熊月之,周武.上海——一座现代化都市的编年史[M].上海:上海书店出版社,2007.
[3] 薛理勇.外滩的历史和建筑[M].上海:上海社会科学院出版社,2002.
[4] 钱宗灏.百年回望:上海外滩建筑与景观的历史变迁[M].上海:上海科学技术出版社,2005.
[5] 马长林.上海的租界[M].天津:天津教育出版社,2009.
[6] 章明.上海外滩源历史建筑[M].上海:上海远东出版社,2007.
[7] 楼宗敏.外滩:历史和变迁[M].上海:上海画报出版社,1998.
[8] 薛理勇.旧上海租界史话[M].上海:上海社会科学院出版社,2002.
[9] 陈占彪.五四细节[M].上海:复旦大学出版社,2019.

第二讲　渔阳里与开天辟地的大事变

渔阳里是当年上海法租界的一条石库门弄堂,其间有两幢小楼因建成年代不同,分别称为环龙路老渔阳里 2 号(今南昌路 100 弄 2 号)、霞飞路新渔阳里 6 号(今淮海中路 567 弄 6 号)。1920 年 2 月,为躲避北洋政府的追捕,陈独秀由李大钊秘密护送至天津,而后乘船来到上海,开始了筹建新型政党的政治实践。陈独秀于 1920 年春至 1922 年 9 月居住于老渔阳里 2 号,使得这幢看似普通的民宅,与中共的诞生及初期活动紧紧地联系在一起。渔阳里成为展演中国共产党"开天辟地"精彩序幕的历史舞台。

本讲问题

1. 渔阳里和建党伟业有什么关系?
2. 老渔阳里 2 号为什么是中国共产党发起组成立地?
3. 如何理解"从石库门到天安门"?
4. 新渔阳里 6 号为什么是中国青年团的发源地?

一、老渔阳里 2 号与中国共产党的初创

课程导入

李俊平(上海城建职业学院马克思主义学院副教授):通过第一讲的学习,我们了解了中国近代屈辱的被殖民被侵略的历史,了解了"国中之国"上海租界的由来和历史。面对西方殖民势力的持续侵略和疯狂掠夺,无数仁人志士前仆后继,踏上了救亡图存的革命征程。但是,直到辛亥革命失败,他们一直没能找到近代中国民族独立和人民解放的出路。那么中国的前途和命运究竟在哪里?

1919 年的五四运动掀开了中国新民主主义革命的帷幕,工人阶级第一次以独立的政治姿态登上了中国历史的舞台。身为"五四运动的总司令",1920 年 2 月 19 日(旧历 1919 年除夕),陈独秀逃离北洋政府控制,从北京抵达上海,却无处安身,不

得不接受辛亥革命中并肩作战的老友、安徽都督柏文蔚的邀请，入住法租界环龙路老渔阳里2号"柏公馆"。正是寓居老渔阳里2号的两年多时光中，以陈独秀为代表的中国先进分子云集于此，完成了创建中国共产党的丰功伟业。

　　建筑是城市的名片，从城市建筑能够直观地感受一座城市的历史文脉。今天我们相约在南昌路100弄2号，这里就是百年之前的上海法租界环龙路老渔阳里2号。1920年中国共产党发起组在此成立，揭开了中国共产党诞生的序幕。1921年中共一大召开，中国共产党正式成立，成为中国历史上开天辟地的大事变。

　　那么渔阳里和中国共产党诞生这一开天辟地的大事变有什么关系呢？上海渔阳里石库门建筑背后又承载着哪些历史记忆、蕴含着哪些红色精神？下面两位专家将分别从建筑和党史两个维度给我们讲述渔阳里独具特色的石库门建筑，追忆渔阳里建筑背后的红色革命印记。

（一）上海石库门建筑的由来

　　沈卫（上海城建职业学院建筑与环境艺术学院讲师、高级室内设计师）：所谓的上海传统里弄民居一般就是指石库门建筑。上海石库门建筑源于清末的频仍战乱，特别是1853年上海小刀会起义及1860年太平天国东征几次进逼上海。上海县城包括江浙一带，大量地主、富商、官僚携眷纷纷涌入租界，寻求庇护。由于租界的自治特权，自此以后，各方人士也都避居租界，或利用租界作为特定的活动场所。1853—1890年，英美公共租界及法租界内居住的华人迅速从数百人增至82.5万人。租界内住房紧缺，英商便趁机腾出空地在今广东路、福建路、河南路一带建造大批廉价木板房出租牟利。为节约用地，多建房屋，规划布局上参照了英国伦敦和曼彻斯特工业区工人住宅的毗连形式。

　　洋商、买办纷纷投入资金大量营建住房，并迎合租界新移民对低价住宅的需求及中国传统的居住习惯，同时也满足了他们对最大商业利润的追求。有资料显示，仅1853年一年的时间，就建成800多幢这样的板房（见图2-1）。到1860年，板房数量更是达到惊人的8700多幢。一时间，"新筑纵横十余里，地值至每亩数千金"。中西合璧的石库门建筑应运而生，并由此滥觞。

　　石库门住宅空间构造最显著的特征是：具有强烈的半殖民地商业城市的烙印，中西杂糅。这也是上海传统居住方式与西方城市房地产经营模式相互结合的产物。早期石库门的单元平面基本脱胎于江南传统民居中三合院或四合院的住宅形式，主要部分为两层楼，后部附属房屋则为单层。它在某种程度上保留了我国传统民居中

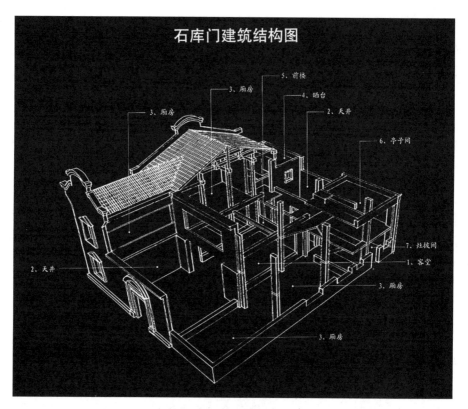

图 2-1   石库门建筑结构图

封闭式深宅大院的样式,但空间变得局促、紧凑。起初,在纵向布置上有一条明显的中轴线,平面呈对称布局。进门后首先是一个方整的天井。这个天井充当了传统住宅中庭院的作用,使紧凑、局促的住宅空间增加了些许通透感。正对天井的是客堂间,有可拆卸的落地长窗面向天井。客堂一般宽约 4 米,深约 6 米。中国传统庭院中最主要的空间是厅堂(普通民宅称为堂屋)。它比西方居住建筑中的起居室多了一层礼制伦理的功能。这个空间除了便于生活起居以外,更是一个端庄正式的场所,石库门住宅中的客堂间便是如此。它既有日常起居空间的功能,又可用于家庭聚会、婚丧礼仪、节日喜庆等正式活动。石库门客堂的两侧为次间,天井两侧为左右厢房。客堂后面为通向二楼的横置单跑木扶梯,之后,则为后天井。后天井的进深一般为前天井的一半。前楼、后楼,正房、厢房的排列,同样反映出中国传统家庭中长幼有序、尊卑分明的特征。

　　石库门建筑最大的特征莫过于外立面上的"石库门"了。一般由石库门连带天井院墙和两侧略高的厢房山墙组成,形成一个封闭的外立面。这样也基本保持了中国传统住宅建筑对外比较封闭的特征。虽然身居闹市,但关起门来也就"躲进小楼成一统"了,而石库门本身也成为上海传统里弄的醒目一景。

可以说,石库门里弄建筑的这种中西杂糅的风格是前所未有的。它适应了上海这座大都市西风东渐、人稠地少的现实。形成石库门住宅这一特殊建筑的原因,正是为了满足主要由各方移民构成的上海居民的实际需求。

石库门建筑大量吸收了江南民居的建筑元素,大门以条石做门框,以乌漆实心厚木做门扇,因此得名"石库门"。石库门的高度一般为 2.5 米左右,两扇大门净宽度为 1.4 米以上,主要是为了适应当时上海人家的红白喜事。一方面,花团锦簇、装饰高耸的花轿能够顺利抬进厅堂;另一方面,四人抬的宽大棺木,亦能送出弄堂。两扇黑漆大门,一般约 8 厘米厚。木门用黑色,符合中国人的色彩观念。中国建筑大多采用红、黄、绿、白、黑五色。红色大门是宫殿和官宦人家所用,古有"朱门酒肉臭"之说,一般百姓不可用于建筑;黄色建筑是特定人群所建,如皇帝用明黄色建筑,寺庙用土黄色(上海俗称"庙宇色");民居建筑大面积立面一般也不用绿色;白色主要用于丧事(白衣、白帽、贴白纸于门上);黑色则沿袭了国人历来崇尚"皂色"(黑色)的传统,是浑厚稳重之色,因此大门多用黑色。用石条作门框是为了镇住大门。两扇大门面积较大,且用厚重的洋松木制作。要使门框架得住 100 斤左右重的门扇和开关时的撞击,只能用重量更大的石条作门框。四边石条的门框近千斤重,因此能扛住门扇的分量。

石库门见证了 19 世纪 50 年代以来上海人的生活百态和岁月变迁,孕育了独特的石库门里弄民俗文化。钱庄、商号、作坊,货郎、叫卖、童戏,弹棉花、修棕绷、裁缝铺、烟纸店、小吃摊、老虎灶各个场所充斥其间。邻里间"72 家房客"既其乐融融,也"明争暗斗"。姆妈、阿爹、爷叔、孃孃、阿婆、阿嫂等熟络称呼,以及世俗俚语、弄堂游戏,这些过去里弄常见的沪上习俗,也是石库门留给上海人最淳朴、最温馨的记忆。

李俊平:感谢沈老师的精彩讲授。下面请李瑊老师为我们讲述中国共产党为什么在上海石库门建筑渔阳里孕育与初创。

(二) 老渔阳里 2 号在中共党史上的重要作用

李瑊(上海大学马克思主义学院副教授、上海市中共党史学会渔阳里历史文化研究会会长):我们今天讲的渔阳里,就时空意义而言,首先是一个城市空间、地理概念。它位于当年上海法租界,是一条南北走向的石库门弄堂,因建成年代及门牌

号码不同,分别称为环龙路老渔阳里(建于 1912 年)及霞飞路新渔阳里(建于 1917
年前后)。其中各有一幢小楼——老渔阳里 2 号(今南昌路 100 弄 2 号)和新渔阳里
6 号(今淮海中路 567 弄 6 号),就是我们今天所要介绍的中国共产党发起组成立地
和上海社会主义青年团诞生地。

图 2-2　中国共产党发起组成立地
(《新青年》编辑部)旧址

在风云激荡的 20 世纪初,这两处看
似寻常的石库门建筑,却与中国共产党
的诞生及初期活动紧紧地维系在一起。
渔阳里成为展演这"开天辟地"精彩序幕
的发源地,成为中国共产党发起组成立
地和共产党人初心萌发地。

1920 年 2 月,为躲避北洋政府的追
捕,经历五四运动的陈独秀在李大钊的
护送下由北京经天津,再乘船悄然来到
上海,随后入住法租界环龙路老渔阳里
2 号,开始了筹建新型先进政党的政治
实践。对当时社会影响巨大的《新青年》
编辑部随即从北京大学迁到上海老渔阳
里 2 号陈独秀寓所(见图 2-2)。陈独秀
和《新青年》的到来,使这里逐渐成为马
克思主义传播和建党活动的中心。

1920 年 4 月,俄共(布)远东局符拉迪沃斯托克分局代表维经斯基奉命率团来
华,了解中国的政治情况,研究五四运动的发生和发展,访问领导五四运动的人物。
其由李大钊介绍来沪,在上海会见了陈独秀及李汉俊、陈望道、俞秀松等人,密商组
织中国共产党的问题,"中国共产党"的发起事宜被列入了日程。

1920 年 5 月初,在北京大学即与陈独秀有师生之谊的毛泽东从北京来到上海,
到老渔阳里 2 号拜访陈独秀,探讨马克思主义以及湖南的革命运动等问题。毛泽东
后来回忆道:"陈独秀谈他自己信仰的那些话,在我的一生中这个最关键的时期,对
我产生了重要的影响。"[1]

1920 年 5 月,陈独秀邀请上海《星期评论》编辑部的戴季陶、邵力子、李汉俊、陈

① [美]埃德加·斯诺.西行漫记[M].董乐山,译.北京:三联书店出版社,1979:133.

望道、俞秀松等人成立马克思主义研究会。以此为基础,1920 年 6 月,在共产国际代表维经斯基的帮助下,中国共产党的第一个组织在环龙路老渔阳里 2 号陈独秀寓所及《新青年》编辑部正式成立,初名"社会共产党",又称"社会党"。陈独秀、李汉俊、俞秀松、施存统、陈公培五人成为首批党员,选举陈独秀为书记。当时还曾起草一个党纲草案,包括运用劳工专政、生产合作等手段达到社会革命的目的。1920 年 8 月,经征求李大钊意见,定名为"共产党"。

这是中国共产党的第一个组织。其成立伊始,就面向全国开展了一系列开创性的工作,创造了中国共产党历史上诸多"第一":成立了第一个共产党组织中国共产党发起组,组建了第一个青年团组织上海社会主义青年团,出版了第一份工人阶级的刊物《劳动界》周刊、第一份党刊《共产党》月刊,助推了《共产党宣言》第一个中文全译本的出版,等等。中共一大的筹备工作在老渔阳里 2 号进行,这里还是中共一大中央局的驻地。新渔阳里 6 号是中国第一个青年团组织及团中央所在地,这里的外国语学社是中共第一个培养革命青年的学校。中共党史上如此众多的重大事件都发生在渔阳里街区,渔阳里成为中国共产党和中国共产主义青年团的发源地。

1920 年 4 月,陈望道应《星期评论》之约,"费了平常译书的 5 倍工夫",在家乡义乌将《共产党宣言》全文译出,然后把中文译稿带到上海。经陈独秀、李汉俊校阅后,在俄共(布)远东局全权代表维经斯基的帮助下,8 月在辣斐德路(今复兴中路)成裕里成立又新印刷所,以"社会主义研究社"名义付印出版发行,标明"社会主义研究小丛书第一种"(见图 2-3)。

上海共产党早期组织通过写信联系、派人指导等方式,积极推动各地共产党组织的建立。自 1920 年底至 1921 年初,国内北京、武汉、长沙、广州、济南等地,以及海外法国和日本等国的共产党组织纷纷建立。上海的共产党早期组织在筹建全国政党的过程中,发挥了重要的

图 2-3　陈望道翻译的《共产党宣言》
中文全译本初版本

发起和组织作用,起到了"临时中央"的作用,因此被称为"中国共产党发起组"。

1921 年 6 月,共产国际代表马林和俄共(布)远东局书记处代表尼克尔斯基到达上海,与李达、李汉俊等建立联系。李达、李汉俊分别与在广州的陈独秀、北京的李大钊联系商议,确定在上海召开中国共产党第一次全国代表大会。中国共产党发起组以老渔阳里 2 号为联络处,致函各地共产党早期组织委派代表,确定会议时间、地点和日程。

1921 年 7 月 23 日,中国共产党第一次全国代表大会在望志路 106 号(今兴业路 76 号)召开,来自各地的 13 名代表和马林、尼克尔斯基出席了会议。

中共一大选举成立了由陈独秀、张国焘、李达组成的中央局,陈独秀为书记。1921 年 9 月,陈独秀由广东回到上海,开始主持中共中央局工作,仍居住在老渔阳里 2 号。李达分管宣传工作,编辑《共产党》月刊,作为秘密宣传刊物;张国焘分管组织工作,主持劳动组合书记部的工作。陈独秀寓所成为中央局机关所在地。

在中央局领导下,1921 年 8 月 11 日,中共中央在上海成立了第一个全国性的领导中国工人运动的组织机构——中国劳动组合书记部,出版了第一份指导全国工人运动的刊物——《劳动周刊》。1921 年 9 月,设立人民出版社,这是党领导的第一个出版机构。1921 年 11 月,中央局向全国各地党组织发出了由书记陈独秀署名的《中国共产党中央局通告——关于建立与发展党、团、工会组织及宣传工作的决议》,这是中央局下发的第一份中央文件。1922 年 2 月,创办平民女校,这是党领导建立的第一所妇女干部学校。

中央局除了开展中央日常工作外,还积极筹备召开中共二大。1922 年 7 月 16 日至 23 日,中国共产党第二次全国代表大会在上海召开。会议制定了第一部《党章》,第一次比较完整地对工人运动、妇女运动和青少年运动提出了要求,第一次决定加入共产国际,第一次提出了彻底的反帝反封建的民主革命纲领。

1922 年 7 月下旬至 10 月上旬,中国共产党第二次全国代表大会后,以陈独秀为核心的中共中央仍驻守陈独秀寓所。因此,老渔阳里 2 号实为中共创建初期的决策中心和党中央首脑机关所在地。

1921 年 10 月和 1922 年 8 月,陈独秀两次在老渔阳里 2 号家中被捕,于是党的工作机构进一步隐蔽化。陈独秀于 1922 年 9 月搬离老渔阳里 2 号,10 月中共中央迁往北京,至此老渔阳里 2 号作为中央办事驻地的历史任务结束。

"渔阳里"见证了中国共产党初心的孕育和伟大征程的历史起步。以陈独秀等为代表的新型知识分子,秉承中国知识阶层与生俱来的忧患意识和责任感,为灾难深重的民族开太平,为水深火热的众生谋福祉,苦心求索中华民族复兴之路。渔阳里时期的革命活动彰显出中国共产党在初创及发展历程中的先进性、创新性等时代特点和精神特质,也开启了马克思主义中国化的进程,对于中共的创建发展及其演进趋向有着深刻的影响,也由此奠定了百年发展之基。

二、新渔阳里 6 号与中国共青团的起源

李俊平:现在我们来到淮海中路 567 弄 6 号,也就是曾经的法租界霞飞路新渔阳里 6 号。这里是中国社会主义青年团组织的诞生地和发源地。1961 年,国务院将新渔阳里 6 号正式命名为"中国社会主义青年团中央机关旧址",并列入第一批全国重点文物保护单位。下面请沈老师给我们讲述石库门建筑的特色。

(一)上海石库门建筑的特色

沈卫:在石库门狭小的里弄里,让我们有一种和身处淮海路完全不一样的特别感受。19 世纪中后期,法租界建立以后,为了在小块私有土地上建造更多密集、低层、独门独户的出租住宅,逐渐由原来的三合院住宅演变出联排的住宅。从 1870 年左右一直到 1910 年之后,受到西式联排住宅的影响,旧时石库门住宅逐渐向新式石库门住宅演变。渔阳里建筑即属于新式石库门住宅。

南北相连的新旧渔阳里,1912 年始建的这两处建筑群落均由比利时、法国合资的义品放款银行联合华商投资兴建。银行投资人之所以取名"渔阳里",应该是为了纪念他们起始于天津的银行创业史。这些老派的银行家们绝对没有想到的是,南北相连的两处渔阳里,建成不久便成为中国革命重要的策源地,入住其中的一批神秘租客深刻影响和推动了中国现代历史的发展。确实,这共产主义的"渔阳鼙鼓",就击破了旧世界的"霓裳羽衣曲"。

渔阳里新式石库门住宅除山墙和山花装饰外,比较有代表性的装饰部件就是出现在渔阳里弄堂口"过街楼"的立面装饰。由于钢筋混凝土承重结构出现,使得两排房屋之间出现稳固的连接空间,楼下为弄堂人车通道,楼上为起居空间。因其出现在弄堂口常作为弄堂立面装饰重点,通道顶面多用拱券造型,以各种西洋花饰和线脚来装饰,两侧古典柱式多为爱奥尼亚柱式,只不过比例、形制不求精确显得随意。弄堂入口拱券立面上镶砌长方形匾额,渔阳里建筑即是如此,匾额通常是里弄名称,且多为书家名作。匾额下还有线脚装饰表示建筑年份的小匾。过街楼山墙装饰一

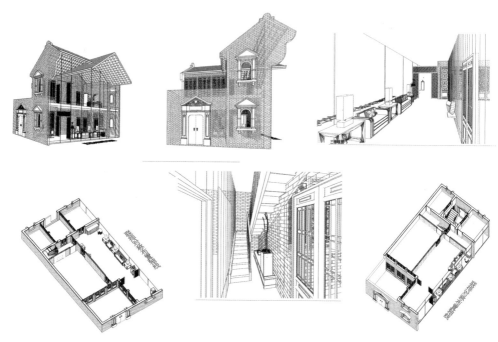

图2-4 新渔阳里6号俄文学习社建筑布局

般也是西方古典风格的建筑元素,三角形、拱形、巴洛克断山花等均不乏范例。石库门住宅建筑立面的顶端,还有很多开在阁楼之上的"老虎窗"(roof window,沪人讹读为"老虎窗")。来源于英式建筑的"老虎窗"极大地凸显了石库门住宅建筑的立面效果。

与各立面欧风装饰的符号堆砌不同,渔阳里石库门建筑的平面布局倒是明显脱胎于沪上江南传统的民居。房子前面有天井,往里是客堂间,其后是楼梯间、厨房。客堂与天井之间的门是贯通整个开间的杵臼式立地门。当气候合适时,可以全部卸下,室内外打成一片(渔阳里6号俄文学习社旧址可以明显看到这一点)。穿过客堂,经过楼梯间,就是后面的厨房(沪语:灶披间)。经由楼梯到二层,客堂的上面是前楼,又称正房;厢房的上面也称厢房;后面厨房的上面是亭子间;亭子间的上面是晒台,为日常晾晒衣物之处。其中建筑结构多以砖墙承重结构代替老式石库门住宅中立贴式结构。石库门饰以一对黄铜门环,门楣以上设置装饰。这也是传统民居中常见的,但上海石库门的特点是这些装饰的风格绝大多数是西洋式样的。石库门门头由木门、门框、门套、门楣和门环等组成。门套多采取西式壁柱形式,也有部分门头不做门套而简单地用砖饰。门楣是门头装饰的重点。在老式石库门中,门楣常模仿江南传统建筑中的仪门形式,做成中国传统砖雕青砖压顶门头式样。渔阳里石库门建筑采用西洋式的砖砌、砖雕、石砌、石刻制成的仿西洋古典的檐部或带檐的山花,山花有三角形或弧券形,嵌板上常有水草纹浮雕。由于生活在新式石库门中居民生活的改善,在结构上,石库门的山墙上出现了阳台。阳台多是钢筋混凝土结构,其纹样既有繁复的中式元素,又有简洁的西式柱饰。更传统的石库门民居的雕刻则采用浅浮雕或阴阳刻的手法,内容以历史故事、传统戏文、花鸟走兽等民间习俗为多。石库门建筑的门楣部分是最精彩的部分,装饰最丰富。渔阳里新式石库门建筑同样受西式风格的影响,弄堂口使用前后连续罗马拱顶石、拱券,立面用三角形、半圆形、弧形等不同的花饰,类似西方建筑门、窗上部的山花楣饰。石库门建筑由其"门"而得名。特定样式的门头也逐渐衍化成上海传统弄堂住宅的代名词和标志。石库门建筑群作为那个时代建筑的典范,相对于外滩而言,更多地集中体现了上海"混血"文化的精神。在这里,我们不仅能看到源自西方的山花、拱券,还能看到江南传统民居的空间组织,带有浓厚的中西合璧色彩,也是上海特定区域文化的产物和结晶。另外,和公共租界相比,法租界公董局的管理受法国共和政体思想传统的影响,对租界内城市深层管理的控制意识较弱。正因如此,中共早期革命先贤居住在此,在不同管理板块的缝隙中,获得了比较多的发展机会和组织空间。

从城市区域规划上来说,法租界是"后起者",具有一定的后发优势。这里除了区域经济发达,文化教育、新闻出版业繁荣,以及水陆交通、邮讯快捷等优势外,居住人口密度不大且人口组成多元化,住宅功能规划严谨、精致宜居、环境幽雅、道路宽畅、交通便利、租金适中。而且石库门建筑本身私密性又好,便于隐蔽,可为革命活动提供可靠的外部环境庇护。事实上,渔阳里及周边聚集了当时中国最具共产主义意识的思想群体,为建党革命活动的实践提供了足够的人员基础。这些因素正是当时政治、文化精英所看重的,也是中共早期革命先贤集聚在这里的原因。他们居住在此、活动在此,革命的燎原大火发源于此,也就是顺理成章的事了。

(二) 中国第一个社会主义青年团组织在新渔阳里 6 号成立

王怡(中国社会主义青年团中央机关旧址纪念馆解说员):欢迎大家来到中国社会主义青年团中央机关旧址纪念馆。您刚刚步入的这条百年石库门弄堂的名字叫作渔阳里,这里诞生了中国共产党建立的第一个社会主义青年团——上海社会主义青年团、中国共产党创办的第一所干部学校——外国语学社、中国共产党领导的第一个通讯社——中俄通讯社。从石库门到天安门,中国共产党带领共青团走过百年光辉历程。在您的正前方展示了上海社会青年团八大发起人的大型浮雕群像《先驱》，右手边是日常团员青年宣誓、表彰的区域。

接下来请观看短片《百年渔阳里》。

首先我们来看五四运动时期的上海。中国自鸦片战争失败以后，一步一步沦为半殖民地半封建社会。为了挽救国家和民族的危亡，中国人民进行了艰苦卓绝的斗争。第一次世界大战，以德国、奥匈帝国等同盟国的失败而告终。1919 年 1 月在法国巴黎召开所谓的"和平会议"，中国以战胜国的身份与会，但随着中国在巴黎和会上的外交失败，全国舆论一片哗然，青年学生率先在北京点燃了反帝爱国的火焰，发动了五四爱国运动，并扩大至上海等全国各地。

1919 年 5 月 4 日，北京爱国学生 3 000 余人，高呼"外争主权，内除国贼"的口号，在天安门集会并举行示威游行，掀起了全国规模的反帝爱国运动。

1919 年 6 月初，上海工人举行罢工，声援学生的反帝爱国斗争。商人也举行罢市，参加了运动。五四运动逐步发展成为以青年为先锋队，有广大无产阶级、城市小资产阶级和民族资产阶级参加的全国范围的群众性反帝爱国运动，拉开了中国新民主主义革命的序幕。

在俄国十月革命的影响下，陈独秀、李大钊等一批从日本留学归来的先进知识分子，经过五四运动的洗礼，从纷然杂陈的各种观点和学说中毅然选择了马克思主义。在共产国际的帮助和推动下，1920 年 6 月，陈独秀、李汉俊、俞秀松、施存统、陈公培在上海组建第一个共产党早期组织，开展革命活动，大力宣传并促进马克思主义同中国工人运动相结合。这并非上海地方性的党组织，因其在党的创建中发挥的组织发起的作用，被称为中国共产党发起组，为中国共产党的成立奠定了基础。

中国共产党发起组成立后，为了更好地在青年中进行社会改造和马克思主义的宣传教育，团结和教育聚集于上海的大批进步青年，于是从中培养和挑选预备党员。陈独秀指派俞秀松等组建社会主义青年团。1920 年 8 月 22 日，在中国共产党发起组的领导下，中国第一个社会主义青年团组织——上海社会主义青年团在这里（时为法租界霞飞路新渔阳里 6 号）成立。当时团的发起者有俞秀松、施存统、陈望道、李汉俊、叶天底、沈玄庐、袁振英、金家凤八人，由俞秀松任书记。

在上海社会主义青年团的带动下，各地社会主义青年团相继建立。1921 年 3 月，中国社会主义青年团临时中央执行委员会在上海成立，团中央机关仍设于新渔阳里 6 号。临时团中央的成立为中国社会主义青年团第一次代表大会的召开和之后的发展壮大打下了坚实基础。

上海社会主义青年团建立前后，中俄通讯社、外国语学社相继在渔阳里6号设立。中国共产党发起组创办的第一个工会——上海机器工会的筹备会、上海第一次庆祝"三八"国际劳动妇女节的活动和上海工人庆祝"五一"国际劳动节的筹备活动等诸多党团重要活动也在新渔阳里6号举行。

新老渔阳里周围有不少中国共产党早期重要的活动场所，如位于霞飞路的维经斯基旧居，位于望志路106号（今兴业路76号）的中共一大会址；另一边，则可以看到出版第一本《共产党宣言》的又新印刷所、《星期评论》编辑部、上海机器工会临时会所等。

社会主义青年团在上海建立以后，便向全国各地共产主义者寄发团章和信件，要求各地进行建团工作。在上海社会主义青年团的带动下，北京、天津、武汉、广州、长沙等地先后建立了社会主义青年团的组织。在各地建团过程中，上海团组织起了一定的发起和指导作用。

1921年3月，在各地团组织发展的基础上，在上海成立了中国社会主义青年团临时中央执行委员会，俞秀松任书记。团中央机关仍设于新渔阳里6号。此后不久，俞秀松代表中国社会主义青年团出席青年共产国际大会。

因各种原因，1921年5月前后，大部分青年团组织都相继出现了组织活动暂停的现象。7月23日，中国共产党第一次全国代表大会在上海开幕。中共一大决定在各地大力发展社会主义青年团，把团作为党的预备学校，从团员中提拔进步分子入党。8月，张太雷从苏俄回国，受中国共产党的指派负责恢复和整顿社会主义青年团的工作。

1922年初，中共中央派施存统负责团临时中央局工作，中国社会主义青年团临时中央局转至大沽路356号办公。中国社会主义青年团第一次全国代表大会闭幕后，此地成为团中央机关所在地。

1922年初，旅居德国的周恩来、张申府致信在法国的赵世炎，要求于当年5月1日完成青年团筹建工作。后经周恩来、赵世炎、李维汉等人的紧张筹备，6月3日，旅欧青年团组织在巴黎郊区布伦森林中的一个小广场召开成立大会。出席这次代表大会的有当时身在法国、德国、比利时的赵世炎、周恩来、李维汉、王若飞、陈延年、陈乔年等18位代表。经过讨论，最后确定团组织的名称为：旅欧中国少年共产党。翌年改名为中国社会主义青年团旅欧支部，周恩来任支部书记。

1922年5月，在中国共产党和青年团临时中央局的领导下，各地社会主义青年团已迅速发展到17个，团员5 000多人。考虑到广州的政治环境比较自由，1922年5月5日至5月10日，在中国共产党领导下和青年团临时中央局组织下，青年团的第一次代表大会在广州东园召开,参加大会的代表共 25 人,青年共产国际代表 2 人。大会通过了《中国社会主义青年团纲领》《中国社会主义青年团章程》等决议案。高尚德(君宇)、施存统、张太雷、蔡和森、俞秀松 5 人当选为中央执行委员会委员,施存统任团中央书记。从此,中国青年运动发展到一个崭新阶段,中国社会主义青年团进一步发挥革命先锋作用。

这是一幢二楼二底的典型石库门建筑,当时由杨明斋租赁下来。楼下有教室,不上课时用来做其他活动。亭子间分别为杨明斋和俞秀松的卧室,各有一桌一床,陈设极其简单。二楼房间是临时团中央办公室,里面放了办公桌和油印机等。二楼东厢房为一部分学生的寝室。

新渔阳里 6 号作为中国社会主义青年团机关旧址所在地,是中国共产党在创建时期的重要活动场所,在中国共产党创建和发展史上具有非常重要的地位。迈进新时代,这幢百年石库门建筑焕发出新的青春活力。

李俊平:紧邻中国社会主义青年团中央机关旧址纪念馆的就是外国语学社。马克思说过,外国语是人生斗争的一种武器,在帝国主义和无产阶级革命时代更是如此。中国共产主义者要与共产国际及各国共产党同志直接联系,学习马克思主义经典作家的原著,掌握外语特别是俄语是必不可少的。当时为了进一步联系和团结进步青年,掩护党、团组织开展革命活动,同时为输送部分青年赴苏俄继续学习做准备,上海外国语学社应运而生。下面请李珹老师为我们详细讲解发生在外国语学社的故事。

(三) 中国共产党创办的第一所干部学校——外国语学社

李珹:1920 年 9 月,在上海共产党早期组织的直接领导下,上海社会主义青年团创办了外国语学社。社址即在新渔阳里 6 号(见图 2-5)内,与上海社会主义青年团址同为一处。这是中国共产党发起组和上海社会主义青年团创办的第一所培养干部的学校。杨明斋任校长,俞秀松任秘书。

外国语学社的教员有杨明斋、俞秀松、李达、李汉俊、陈望道等人,都是中国共产党上海发起组的主要成员,是具有先进革命思想的革命导师。外国语学社负责人杨明斋亲自讲授俄语,维经斯基的夫人库兹涅佐娃教俄语阅读和会话课,留日学生、著名理论家李汉俊教法文,留日学生、著名宣传家李达教日文,北京大学毕业生袁振英教英文。外国语学社学员除了学习外语,还学习政治理论和马列主义。据当时学社学员萧劲光回忆说,在这里"读的第一本马列的书就是外国语学社发的《共产党宣

图 2 - 5　外国语学社

言》……书是由陈望道翻译的,马列主义课也由他主讲,每个星期日讲一课。有时在星期天举办报告会,就邀请陈独秀等来讲"。

　　在外界看来,外国语学社是一个公开的外语培训学校。该校还在《民国日报》上公开刊登过招生广告,实际上是为了掩护青年团的活动。大多数学员都是经各地党组织推荐而来。外国语学社开启了中共留学教育的先河,是中国共产党创办的一所新型的革命学校。

　　外国语学社建立后,刘少奇、任弼时、罗亦农、萧劲光等 60 余名来自各地的青年先后在这里学习。他们有的是各地革命团体选来的,有的是到上海找陈独秀、邵力子寻找出路,被安排在外国语学社学习的。他们在此学习外文,同时学习马克思主义的基本原理,并参加革命活动。部分青年成为最早的一批青年团员,从这里踏上人生革命之路。

　　1921 年初,外国语学社的学员先后有二三十人分三批去莫斯科东方劳动者共产主义大学学习,其中包括刘少奇、任弼时、罗亦农、萧劲光、王一飞等。他们中的许多人在后来的革命工作中做出了重要的贡献,还有的在各行各业做出了巨大贡献,如海军大将萧劲光、经济学家周伯棣、革命诗人蒋光慈等。

1921 年春夏之际,在外国语学社学习的很多青年团员被派送苏俄深造,加之法租界巡捕对新渔阳里 6 号的监视和搜查,外国语学社实际上已经逐渐减少了相关活动。1921 年 8 月,中共一大中央局决定将新渔阳里 6 号的房子退租,外国语学社随之关停。

外国语学社虽然仅存续了 10 个月,但在党团初建时期,起到了积聚力量、壮大组织、扩大影响的重要作用,为中国革命培养和输送了一批优秀人才,成为共青团干部的"摇篮"。

(四) 互动与总结

李俊平:通过刚才几位专家生动翔实的讲解,我们不仅了解到百年渔阳里鲜明的石库门建筑特色,更是从历史深处探寻了中国共产党发起组在老渔阳里成立、上海社会主义青年团在新渔阳里诞生及其斗争历程。中国革命的第一缕红色曙光在这里冉冉升起,中国共产党的孕育期和哺乳期在这里艰难度过。

徜徉在新老渔阳里的弄堂里,老上海石库门建筑所散发的革命气息,带给我们的不仅仅是情感的冲击,更是思想的洗礼。

上海的党史学界有这么一种说法:十月怀胎渔阳里,一朝分娩树德里。为什么新老渔阳里能成为中国共产党早期组织的成立地和初心孕育地呢?

习近平总书记指出,上海是中国共产党诞生地,从石库门到天安门,从兴业路到复兴路。通过专家的介绍我们了解到,历史之所以选择上海,除了上海自身拥有时代和社会两大客观条件外,还具备地理环境、经济基础、政治环境、文化氛围、社会环境和人才密集六大基本要素,在信息系统、社会基础、交通系统、邮政通讯、组织系统、安全系数等方面具有全国独一无二的特殊性。

作为石库门建筑的新老渔阳里之所以能成为党的发起组成立之地和党的初心孕育地,也有其独特的原因。

首先,石库门里弄身处闹市却有高墙围隔,内部房屋成排,巷道纵横有序;石库门建筑外形相同,各自独立却又互为关联。在此举行秘密革命活动不易被反动统治势力发觉,为中国共产党在"白色恐怖"年代从事各种革命活动提供了天然屏障。

其次,新老渔阳里地理位置适中。这里地处法租界繁华地段,人流量大,环境复杂,可为革命活动提供外部环境的庇护。更重要的是,此处位于上海"红色一公里"的中心地带,向南 1 000 米可达印刷《共产党宣言》第一个中文全译本的又新印刷所,向东 800 米可达中共一大会址树德里 3 号和中共一大代表下榻地博文女校,向北 800 米可达中共二大会址所在地和第一部《党章》诞生地南成都路辅德里 625 号。

再次,新老渔阳里及其周边聚集了当时中国最具共产主义意识的革命群体,不仅第一部党刊《新青年》的编辑部、第一部党的机关刊物《共产党》的编辑部设在此地,汇聚先进分子的《星期评论》编辑部和《民国日报》社都在附近,为革命活动的实施提供了足够的人才基础。

总之,新老渔阳里作为一个具有上海标志性地域特色的建筑群,在党领导革命的起步阶段,对马克思主义理论的传播及其与工人运动的结合、党团组织的创立和壮大、革命队伍的召集和凝聚,都起到了巨大的推动作用。渔阳里的火种划破黑暗笼罩的中国上空,终于破茧而出并渐成燎原之势,不仅照亮了整个中国,而且最终改变了中国的命运和世界的格局。

青春跨越百年,梦想点亮未来。不忘初心、牢记使命。百年石库门建筑焕发新的活力,引领着一代又一代青年青春心向党,建功新时代。

渔阳里产生了中国共产党最早的组织。习近平总书记在庆祝中国共产党成立 100 周年大会上的讲话中指出:"中国产生了共产党,这是开天辟地的大事变,深刻改变了近代以后中华民族发展的方向和进程,深刻改变了中国人民和中华民族的前途和命运,深刻改变了世界发展的趋势和格局。"这是对中国共产党创建伟大意义的精辟概括,也是对上海渔阳里历史价值和地位的最好说明。

三、拓展阅读：陈独秀策划上海首次五一国际劳动节[①]

1920 年在上海历史上注定是极不平凡的一年：5 月 1 日上海首次庆祝"五一"国际劳动节,《新青年》出了"劳动节纪念号",5 月成立马克思主义研究会,6 月成立中国共产党第一个组织,8 月成立上海社会主义青年团,11 月 7 日创办《共产党》月刊,等等。

1920 年 2 月 19 日,农历除夕,五四运动及新文化运动领袖陈独秀从北京赶回上海,与其说"赶",不如说"逃"。一路上寒冷与惊险相伴,其心情恰似《三国演义》第二十一回脱离曹操掌控后的刘备,"此一行如鱼入大海、鸟上青霄,不受笼网之羁绊也"。他是带着"南陈北李相约建党"之"约"返回上海的。3 月下旬入住法租界环龙路老渔阳里 2 号,《新青年》编辑部也迁回上海。

① 　徐光寿.上海首次纪念"五一"国际劳动节内幕[J].上海滩,2020(5).

经历过北京五四学生运动，陈独秀发现"仅有学界运动，其力实嫌薄弱，此至足太息者也"。"六三大罢工"让他看到了上海工人阶级的巨大力量。陈独秀顾不上大病初愈，一到上海就投身工人运动，推进马克思主义与工人运动的结合。

1920年4月2日，在出席上海船务栈房工界联合会成立大会时，陈独秀发表了题为《劳动者的觉悟》的演说。"我以为只有做工的人最有用、最贵重。"他的一番慷慨陈词引得台下阵阵掌声。在演讲中，陈独秀深入浅出、直截了当地将劳动者的觉悟分为两步：第一步"要求待遇"，第二步"要求管理权"。

4月16日，他又应邀先后出席中华工业协会等工会组织的会议，即席发表演讲上海工界现状，强调注重工人义务教育，自愿担任义务教授。他派遣俞秀松到虹口的厚生铁厂亲身参加生产劳动，了解情况体验生活。还撰写《我的意见》指导上海厚生纱厂湖南女工改善待遇的要求，用《答知耻》和《答章积和》等复信方式就工人的劳动时间、工资待遇和教育问题提出指导性意见。

在陈独秀等积极推动下，4月18日，上海中华工业协会、中华工会总会、电器工界联合会、中华全国工界协进会、中华工界志成会、船务栈房工界联合会和药业友谊联合会七大工会团体召开联席会议，筹备举行"五一"国际劳动节纪念大会。根据陈独秀的建议，大会定名为"世界劳动节纪念大会"，推举陈独秀等人为筹备纪念大会顾问；决定在5月1日当天，除电车、电灯、自来水、电话、电报等公共事业外，其他各业均须休息一日，工人列队游行以示纪念。

4月26日，七大工会团体再次开会，确定5月1日下午在西门体育场（即坐落于方斜路的上海公共体育场，又名沪南体育场）召开"世界劳动节纪念大会"。为发动广大工人踊跃参加，七大工会团体印发了内容简明易懂的传单，广为散发。

4月29日，上海七大工会团体共同发表《工界宣言》，做了最后的部署。这份宣言的诞生预示着上海工人第一次纪念"五一"国际劳动节的活动已蓄势待发。宣言号召："我们上海工人今年举行破天荒的'五一'运动，因为五月一日，是世界各国工人得着八点钟工制幸福的日子。我们纪念它的意思，第一是感谢各国工人的努力，第二是喊起中国工人的觉悟。"

参考文献

[1] 中共中央党史研究室.中国共产党历史：第一卷（1921—1949）·上册[M].中共党史出版社,2011.
[2] 陈独秀.陈独秀文集第二卷[M].北京：人民出版社,2013.

［3］李汉俊.为什么要印这个报［J］.劳动界,1920(1).

［4］中国社会科学院现代史研究室,中国革命博物馆党史研究室."一大"前后:中国共产党第一次代表大会前后资料选编［M］.北京:人民出版社,1980.

［5］上海市档案馆.上海革命历史纪念馆建设计划与说明文字,卷宗号:A22-1-32.

［6］老当.上海最早确认的三处革命遗址［J］.上海城市发展,2014(3).

［7］《上海文物博物馆志》编纂委员会.上海文物博物馆志［M］.上海:上海社会科学院出版社,1997.

［8］李瑊.上海渔阳里——中国共产党的初心孕育之地［M］.上海:上海人民出版社,2020.

［9］徐光寿.上海首次纪念"五一"国际劳动节内幕［J］.上海滩,2020(5).

第三讲　南市发电厂与党领导下的工人运动

在上海丰富的红色建筑中,还包含了一些工业建筑遗存。政府对此类建筑遗存的保护方式较为特别,并不是保持原貌的静态保护,而是通过功能转换,继续投入使用的动态保护。其中的典型代表就是曾经的南市发电厂。南市发电厂前身是国人在沪投资的首家电厂,至今已有110年的光荣历史。其中包含着优良的工人运动传统,特别是在上海三次工人武装起义期间涌现出许多可歌可泣的英雄事迹。距离南市发电厂不远处的三山会馆,当时是工人武装起义的指挥所。这座以原貌保存下来的中国传统建筑见证了那段沧桑岁月。当南市发电厂完成其历史使命后,通过功能转换又实现了华丽转型——经历世博会城市未来探索馆的尝试后,这座工业建筑最终蝶变为上海当代艺术博物馆,成为展示当代艺术的时尚之地,演绎出建筑与城市本身的传承与新生的主题。

本讲问题

1. 为什么上海会成为中国工人运动的发源地? 如何看待中国共产党在工人运动中的作用?
2. 你知道历史上的沪南地区还有哪些著名的民族工业吗? 请利用参考书目和网络寻找相关的工业旧址遗存,并进行实地走访。
3. 上海作为中国民族工业的发祥地,与中国共产党在上海的诞生有哪些内在关联?
4. 探访城市最佳实践区,了解这些场馆在世博期间与后世博时代的变化。
5. 对于工业建筑的成功转型,你有哪些看法?

一、三山会馆与上海工人运动

课程导入

徐文越(上海城建职业学院马克思主义学院副教授):大家好! 欢迎继续跟随我们课程组走进不同类型建筑,解读建筑中承载的红色历史,也见证共产党人带领中国人民不畏艰险、团结奋斗，走向民族复兴的光辉历程。我们之前在外滩的万国建筑群中领略了上海开埠后的兴盛和繁华，了解其背后包含了中华民族的屈辱和中国人民的奋力抗争。接着，我们又走进上海典型的石库门建筑，在渔阳里重温了革命先驱筹建中国共产党的初心与伟业。今天我们将走进另外一些风格的建筑，有我们身后的中国传统建筑，还有现代的工业建筑，这些都与中国革命的领导阶级即工人阶级联系在一起。我们要讲述的正是中国共产党成立后在上海所领导的轰轰烈烈的工人运动，以及中国工人阶级的觉醒和不怕牺牲的英勇斗争精神。这些保留下来的工业建筑也见证了上海作为民族工业发祥地和曾经工业中心的辉煌，但随着改革开放的发展和上海城市功能的转换提升，这些曾经的工业建筑不再是生产的场所，而是经历改造重生成为文化创意的时尚之地。这也正寓意了建筑和城市在不断发展中所产生的跃迁和蝶变，包含了生生不息的精神，建筑的活力也以一种动态保护的方式得以延续。

本次课邀请党史专家、建筑专家同思政课教师联袂讲授"筑梦中国"课程的第三讲"南市发电厂与党领导下的工人运动"，依旧是站在历史发生地的现场来进行。不过从历史空间上来看，我们脚下的土地已不再属于旧上海的公共租界和法租界，而是来到了租界以南的华界，后来这里也称为南市。这里曾经有着中国民族工业的无数骄傲，不过今日都已旧貌换新颜，我们只有通过空间上的回溯才可"见到"当年的景象，继而了解这些历经百年沧桑仍矗立于此的历史建筑的前世今生。这些都将由我们的建筑专家孙耀龙老师来进行讲授，关于历史空间中的人与事则听我们的党史专家姚霏老师娓娓道来。下面首先有请孙老师来给我们介绍这里曾经的空间变迁。

（一）三山会馆的变迁

孙耀龙（上海城建职业学院建筑与环境艺术学院副教授）：东起卢浦大桥、西至南浦大桥的这片区域，有着丰厚的历史文化底蕴与红色基因，在上海乃至中国的近现代及当代史上都有着举足轻重的地位。

会馆是城市发展的见证，也是上海移民城市、多元文化形成重要的组成部分。我们现在所在的三山会馆是上海唯一保存完好的晚清会馆建筑（见图3-1），建筑占地1 000平方米，飞檐翘角、气势雄伟。"三山"是福州的别称，所以建筑具有典型的福建建筑风格。三山会馆原是福建水果商人营建用以聚会和奉祀天后的地方，所以在入门处"三山会馆"的门额上方刻有"天后宫"的字样和图案。天后女神在福建一带的民间也被称为"妈祖"。

　　三山会馆在 112 年的历程中,经历了翻天覆地的变化。其始建于 1909 年,原建筑位于离现所在地 30 米开外的半淞园路 239 弄引安弄 31 支弄 15 号内。会馆 1959年被列为上海市文物保护单位。1986 年为辟通中山环路,历时 3 年将其整体建筑移建至现所在地(中山南路 1551 号),并于 1989 年 9 月正式对外开放。在当时那个年代,还没有如今外滩天文台及上海音乐厅这样的建筑整体迁移技术和经验,靠的是一砖一瓦拆下编号后,再按编号复建;木制的戏台则通过大型吊机吊装。在2010 年上海世博会开幕前夕,展示上海会馆公所兴衰史的陈列馆在三山会馆边拔地而起。它与会馆古建筑融为一体,相映生辉,成为中外文化传播与交流的桥梁。

　　三山会馆是上海工人第三次武装起义南市地区指挥部,是上海工人第三次武装起义的唯一遗存地点,具有鲜明的红色基因。

图 3-1　三山会馆

(二) 三山会馆里的工运往事

　　姚霏(上海师范大学历史系副教授):我们身后的三山会馆,是上海工人运动的最好见证。在讲述这段历史之前,我们有必要回顾一下近代上海工人运动的历程。

　　1. 上海工人运动的历史背景

　　鸦片战争后,伴随着西方列强对华资本输出,在具有 5 000 多年悠久历史文化传统的中华大地上,诞生了中国第一批工人。上海作为中国工人阶级的摇篮,是一座具有光荣革命传统的英雄城市。近代中国工人运动和革命民主运动在这里发轫,伟大的中国共产党在这里诞生。许多叱咤风云的无产阶级革命家都曾在上海活动,并领导和组织了波澜壮阔的工人运动,为中国革命的伟大事业建立了不朽的历史丰碑。在中国工人运动史上,上海的工人运动具有极为重要的作用和地位。特别是在20世纪20年代以后,上海工人在中国共产党的领导下,前赴后继,英勇奋斗,百折不挠,终于在1949年配合人民解放军作战,迎来了解放。上海工人阶级以自己的实际行动谱写了中国工人运动史上光辉灿烂的篇章。上海工人运动的历史成为中国近现代史中不可或缺的重要组成部分而大放异彩。

鸦片战争以来,国门大开。外国资本主义、官僚资本主义、民族资产阶级相继在上海建立工厂。据统计,1920年上海工人达56.3万余人,其中工厂工人有18.14万之多,在500人以上工厂做工的工人占工厂工人总数的59.6%,其人数之多和集中程度之高为全国之首。其后上海工人的人数虽有增减,但到1949年上海解放时达100万人,约占全国1 200万工人之9%,其作为工人阶级优势之集中地始终未变。

和世界各国一样,上海工人经历了从自在阶级到自为阶级的转变,上海工人运动也从自发斗争转变到自觉斗争。从19世纪40年代起的近80年的时间里,工人斗争往往表现为要求增加工资、反对解雇等经济要求,以及反对工头压迫等原始反抗;即使参加某些政治活动,也是以资产阶级追随者的面目出现。1919年的五四运动犹如一阵春雷,唤醒了苦难中的上海工人。他们举行了大规模的罢工,喊出了"罢工救国"的口号,把自己的斗争和国家命运联系起来思考和行动,显示了自己的力量,工人阶级开始以独立的姿态登上中国的政治舞台。

正如毛泽东同志指出的、习近平总书记强调的:"十月革命一声炮响,给我们送来了马克思列宁主义。"[①]中国出现了一批具有初步共产主义思想觉悟的知识分子。他们从"五四大罢工"中看到了工人阶级的力量,便开始到工人中去传播马克思主义。经过近两年的努力,1921年7月,在马克思主义与工人运动相结合的基础上,在当时中国工业中心和工人运动中心的上海举行了第一次代表大会。这实现了上海和全国工人近80年奋斗追求的政治目标,体现了上海和全国工人阶级从自在阶级开始向自为阶级的过渡,是上海和全国工人运动结束自发斗争、开始自觉斗争的标志。

在中国共产党领导下,上海工人运动一浪高过一浪。工人斗争经历了1922年

---

① 毛泽东.毛泽东选集:第4卷[M].北京:人民出版社,1991:1514.

的罢工高潮和组织工会的高潮、1925年的"五卅运动"和从1926年到1927年的三次武装起义,造就了上海工人运动的高峰。

2. 三次工人武装起义与三山会馆

1926年10月23日、1927年2月22日,为响应国民革命军北伐,推翻北洋军阀的反动统治、建立新政权,上海工人曾两次发动武装起义,但由于缺乏经验和准备不足而失败。

1927年2月23日,中共中央和上海区委(中共上海区执行委员会)联席会议决定,准备发动上海工人第三次武装起义。中共中央和上海区委为此成立中共特别委员会,由陈独秀、周恩来、罗亦农、赵世炎、汪寿华、尹宽、彭述之和萧子暲共八人组成,作为第三次武装起义的最高领导机关。特委下设特别军事委员会,周恩来出任负责人,并担任武装起义总指挥。特别军事委员会在南市、浦东、闸北设立3个指挥部。

1927年3月20日,北伐军前锋到达上海近郊的龙华,上海处于四面包围之中。3月21日晨,上海区委做出了发动工人第三次武装起义的决定。中共中央秘书长王若飞任南市总指挥。当日中午12时,小南门救火会的警钟楼钟声敲响,黄浦江上的轮船和各工厂的汽笛齐鸣,全市80万人举行总罢工。下午1点半左右,起义正式开始。沪南工人纠察队分路进攻淞沪警察厅、各警察署、南火车站、大南门电话局及高昌庙兵工厂。4小时后,工人纠察队控制了沪南地区的通讯和交通枢纽,第三次武装起义首战告捷。

3月23日,南市工人纠察队在三山会馆举行总指挥部成立大会,大门口横挂着"上海南市工人纠察队总指挥部"的红布条幅。周恩来出席成立大会,并亲切地慰问全体纠察队员。上海市总工会南市办事处和南市工会联合会也于同日起在三山会馆对外办公。在周恩来的指挥下,上海工人纠察队向驻扎上海的直鲁联军发动全面进攻。各区起义队伍按预定目标先后向警署、兵营和军队驻地发起进攻。经过两天一夜的奋战,解放了除租界以外整个上海市区。上海工人第三次武装起义取得了胜利。当天,上海工商学各界举行市民代表会议,选举产生了由19位委员组成的上海特别市临时政府,其中有共产党员罗亦农、汪寿华、林钧、何洛、丁晓先、侯绍裘、李震瀛、王景云、顾顺章和共青团员王汉良。

上海工人第三次武装起义,是大革命时期中国工人运动的一次伟大壮举,是北伐战争时期工人运动发展的最高峰,为在中国开展城市武装斗争并夺取政权做了大胆的尝试。于是,我们身后的这座历史建筑,就成为上海工人运动胜利成果的最好见证。历史已经翻过那一页,当年浴血奋战之地,许多已经荡然无存;但那些为国家、为民族事业英勇奋斗、光荣捐躯的先烈们,将永远值得人们敬仰。

徐文越:谢谢两位老师的精彩讲述!通过这座已有百年历史的中国传统建筑,我们了解了上海工人运动的历史背景,特别是与这座建筑直接相关的三次工人武装起义,也是整个上海工人运动中的最高峰。其中不仅体现了工人阶级的英勇,最根本的还在于有了中国共产党的领导。正是因为中国共产党的诞生以及先进理论的指导,才直接促使了工人阶级的进一步觉醒,并将工人阶级真正组织起来,进行了富有战斗力的武装斗争。当然我们也付出了惨痛代价,经历艰辛探索,才最终摸索到中国革命的正确道路。

二、南市发电厂与上海工人运动

徐文越:现在我们从保持原貌的三山会馆来到了经历改造重生的南市发电厂,也就是现在的上海当代艺术博物馆。如果没有那醒目的大烟囱,也许我们已很难将其同一座电厂联系起来。这座电厂连同周边的街区有着悠久而光荣的历史,曾创造出中华民族工业史上的诸多第一。当年这座电厂的前身华商电气股份有限公司(以下简称华电)的工人们更是英勇无比,在上海工人武装起义中发挥了重要作用,演绎出众多可歌可泣的英雄事迹,而且起义胜利后的庆祝大会就在华电召开。华电工人始终保持优良的革命传统和爱国情怀,在解放上海前夕又积极投身护厂运动,最终将一座保护完好的电厂交到人民手中,迎接了新中国的诞生。

(一)作为民族工业先驱的南市发电厂

孙耀龙:近现代历史上,上海是中国民族工业的发源地,中国产业工人的摇篮,被打上了中华民族工业文明最早的印记。在这里,有中国最早的民族钢铁企业、自来水厂、外商纱厂、煤气供热厂、发电厂,还有着一批被列入中国工业遗产保护名录的工业建筑,其中最具有代表性的是由洋务运动代表人物李鸿章于1865创建的江南机器制造总局。在这里制造了中国的第一台车床、第一艘军舰、第一支步枪、第一门钢炮,炼出了中国的第一炉钢。新中国成立后又在这里建造了第一艘潜艇,第一台万吨水压机,第一代航天测量船"远望1号""远望2号"和第一艘大型远洋调查船"向阳红10号"。可以说,它是中国工业史从无到有、从有到兴的历史见证者。江南造船厂也是中国最早使用计算机辅助设计制造的工厂。目前这片土地上还保留了江南机器制造总局翻译馆旧址、飞机库、海军司令部和2号船坞等工业遗迹。

除了江南造船厂外，还有 1897 年成立的南市电灯厂，以及创建于 1902 年的求新造船厂。

作为华电前身的南市电灯厂是由南市马路工程善后局在十六铺老太平码头创建的，后随着南市工商、金融业的不断发展，用电量日增，于 1906 年由上海城厢内外总工程局总董李平书等人发起，成立商办内地电灯公司。1912 年，南市拆墙筑路后，民族资本家陆伯鸿集资兴办华商电车公司。第一次世界大战期间，内地电灯公司与华商电车公司合并，正式成立上海华商电气股份有限公司。

华电是中国人在上海经营最早、影响较大，发电、供电、电车三位一体的民族电力企业。此后，经过近 20 年的发展，至抗日战争前夕，公司已拥有近千万元资本和 4 万多千瓦的在用和在建的发电设备，年发电量 6 082 万千瓦时，最高负荷为 1.3 万千瓦，有电车 54 辆、拖车 27 辆，全线长 23 千米，职工 1 200 余人，成为当时上海经济实力雄厚、社会影响较大的一家电气公司。

从南市电灯厂到华商电气公司，再到南市发电厂，始终不变的是作为民族工业先驱的地位，也是国人在沪投资的首家电厂。从 1897 年创建到 2007 年关闭，走过了百年峥嵘岁月，见证了我国从工业社会到信息社会的发展历程。之后，经历一系列的改造，南市发电厂完成了华丽转型。在 2010 世界博览会期间，作为主题展馆之一的城市未来探索馆向公众开放，如今又改造重生为上海当代艺术博物馆。

（二）华商电气公司的工人运动

姚霏：一部上海工人运动发展史，是由众多工厂、企业中工人的努力和奋斗组成的。作为南市发电厂前身的华电，就是其中一个。

与华电公司的影响力相对应的，还有华电公司的优秀工人运动传统。早在五四运动之前，华电工人的斗争意识已经崭露头角。当时华电营业集中于南市地区。这里既是上海华界的政治、经济、文化中心，也是封建军阀、宪兵、警察、地痞流氓密集之地。他们倚仗权势，在华界横行霸道，为非作歹。华电工人为了生存，时常自发地进行反抗。当时，华电工人每天工作时间长达 10 小时以上，没有休息日，司机和售票员的工作更是低人一等。那时，宪兵、警察、地痞流氓乘车不买票是家常便饭。如果没有完成公司规定的卖票数额，售票员就可能被解雇，因此，售票员整天为保住"饭碗"而提心吊胆。1917 年 7 月，爆发了全体司机和售票员的第一次罢工斗争。此后，在五四运动、五卅运动，特别是三次工人武装起义中，华电工人表现突出。

1. 参加五四爱国运动

1919 年 5 月 4 日,五四运动爆发。6 月 5 日起,上海工人自发罢工,商人罢市。华电工人也投身到这场声援斗争中。经过商议,首先停开了各路电车,然后集合全体罢工工友与各校学生、各商店采取一致行动。他们高举"罢工救国"的旗帜,上街游行宣传。工人们不顾当局恫吓和资方的复工"规劝",自 6 月 5 日到 6 月 11 日止,持续罢工 7 天,以实际行动汇入了反帝爱国运动的洪流之中。

1921 年 7 月,中国共产党成立后,集中力量领导工人运动。1922 年在全国范围内出现了中国工人运动史上的第一次罢工运动的高潮。在这个高潮中,上海工人共举行了 54 次罢工,参加人数在 8.5 万以上。华电工人在 1922 年的 3 月和 9 月先后进行了两次罢工,参加人数有 470 余人。

2. 参加五卅运动和五卅周年纪念活动

1925 年 5 月 15 日,上海内外棉七厂日本大班枪杀工人顾正红,日商内外棉厂 8 000 多名工人举行联合大罢工。30 日下午,上海学生、工人在公共租界南京路抗议顾正红被杀和爱国学生被捕。英国巡捕向手无寸铁的学生、群众开枪,死伤数十人,制造了震惊中外的"五卅惨案"。中共中央在上海召开紧急会议,决定发动全上海"三罢"斗争。上海总工会发出命令,宣布上海工人于 6 月 2 日起为反抗帝国主义大屠杀实行同盟大罢工。华电工人投入反帝大罢工的人数达 370 余名。

1926 年 5 月 30 日,近千名华电工人拥向西门公共体育场,参加上海全市纪念五卅周年集会。下午,一部分工人悄悄进入戒备森严的英租界,张贴"打倒英帝国主义"等标语,散发传单。车务部工人在 6 辆电车两侧贴满了"打倒帝国主义,收回租界""取消不平等条约""拥护工农政策,打倒军阀""提高生活待遇,实行 8 小时工作制"等彩色大标语。当贴满标语的华电电车行驶在大街上时,受到道路两旁市民的拍手欢迎。

3. 参加上海三次工人武装起义

(1) 参加上海工人第一次武装起义

1926 年 9 月上旬,中共上海区委在主席团会议上决定发起武装暴动。中共上海区委书记罗亦农、区委组织部部长赵世炎深入华电,向职工们讲解时局和北伐战争形势。事后,中共华电党支部和工会组织了一批中共地下党员和工人积极分子上街宣传,唤起民众意识。当时,华电职工汪裕先,站在民国路(今人民路)、新桥街的闹市口向市民宣传北伐形势。汪裕先的演讲博得了听众的阵阵掌声。这时,突然走来一名警察上前威胁汪裕先,驱赶听众。汪裕先理直气壮地反驳道:"我们在这里宣传反帝反军阀,不当亡国奴有什么罪?"在市民们的一片呼声中,警察哑口无言,只得悄悄地溜走了。

10月19日,吴湘明派华电工会执行委员徐王生到杨树浦桥下一幢楼房去开会,具体商议武装起义的有关事项。会议期间,有人急匆匆上楼,通报大楼已被警探和铁甲车包围。会议主持人决定,各自按区委行动计划执行。随即,与会人员迅速转移。23日下午5时,上海区委下达了在24日拂晓前举行武装起义的命令,以停泊在黄浦江上兵舰的炮声为号。24日拂晓,起义消息事先泄露,军阀、警厅采取了防范措施,起义号炮未能发出,但南市地区的工人纠察队队员们仍然按原定计划行动了。在中共地下党员余茂怀的带领下,由华电、法电(原法商电车、电灯公司)20余人组成的工人纠察队,以一支手枪及其他铁制工具为武器,趁着黎明前的黑暗,从斜桥出发,出其不意地袭击了南市西门(近制造局路、丽园路路口)的一个警察派出所,缴获了2支短枪、4支长枪。正当纠察队准备扩大战果时,接到了中共上海区委立即收兵、停止起义的命令。这一次武装起义很快就被军阀孙传芳镇压了,不过使华电的共产党员和工人积极分子经受了一次战斗的考验。

(2)参加上海工人第二次武装起义

第一次武装起义失败后,中共上海区委决定深入发动和团结工人群众,继续发动武装起义。

1927年2月18日晚上,上海总工会做出了19日起全沪工人总同盟罢工、援助北伐军的决议。南市职工运动委员会连夜召开紧急会议,在法租界辣斐德路(今复兴中路)大成里18号楼上亭子间,以聚餐作掩护,讨论起义的具体事宜。会议进行期间,突然有暗探带领法国巡捕撞门而入,带队的法国巡捕冲着到会代表乱嚷乱叫,其余巡捕也凶神恶煞地四处翻寻。这时,华电工人纠察队队长袁化麟沉着地走上前去,用流利的法语应付他们,声称:"近来败兵很多,乘车不买票,司机和售票员都很为难,我们在此商量商量。"敌人没有搜到什么可疑的东西,便撤走了。与会代表感到不宜久留,迅速安全转移。

19日,华电工人为援助求新造船厂的罢工行动,由彭鸿章带领蔡建勋、徐王生、凌善楚、周阿银、袁金山等,到求新造船厂散发传单。不料被该厂门卫警长杨彩亭发现,他关闭了工厂大门,密告孙传芳的上海防守司令部。华电工人得知后迅速撤离。蔡建勋因来不及转移被捕,直接被押往上海防守司令部。途经华电电车修理部门口时,恰遇华电冷作工史阿荣,蔡欲托史阿荣捎口信给家属,史阿荣未及开口便被五花大绑起来,一起押往防守司令部。

当天深夜，上海防守司令李宝章豢养的大刀队用大刀砍杀了史阿荣、蔡建勋，并将两人血淋淋的头颅悬挂在南市机厂街的电线杆上示众，威吓工人和市民，名曰"暴尸示众"。蔡建勋牺牲时年仅 20 岁。史阿荣牺牲时，家有 70 岁老母及妻子、幼弟。第二天一早，华电党支部号召开展更大规模的抗议罢工活动。工人们纷纷上街游行示威，抗议军阀暴行，痛悼遇难工友。"打倒孙传芳""打倒李宝章""杀反动派""为死者报仇""工人团结万岁"等标语贴满了南市的大街小巷。为了保存有生力量，上海总工会于 2 月 24 日发布了复工命令。

华电职工汪裕先、颜梦屏因参与南市地区起义的组织工作遭通缉。资方以汪裕先、颜梦屏两人违反公司规定为借口，决定解雇他们。3 月 14 日，华电党支部和工会提出"汪裕先、颜梦屏两人应立即恢复工作""工会有代表工人之权，开除工人必须得到工会同意，并优待工会会员""2 月 19 日至 2 月 22 日 4 天罢工工资照发"等要求。资本家深感工会在工人群众中威信越来越高，不理睬或拖延势必众怒难犯，又生怕处理不当，工人会再次罢工，使公司遭受更惨重的损失，便同意恢复汪裕先、颜梦屏两人的工作，工人罢工期间工资照发。工会认为主要条件已达到，决定不再举行罢工。次日，工会组织工人欢迎汪、颜回公司复职。

（3）参加上海工人第三次武装起义

1927 年 3 月 21 日早晨，中共上海区委发布了全市工人总同盟罢工和举行第三次武装起义的命令，华电工人立即行动。首先将锅炉全部熄火，使全公司停电，电车随之全线停驶。然后，华电 200 多名工人纠察队员，在中共地下党员汪裕先等的带领下，手持棍棒和各种铁制工具，以及少量武器（5 支手枪、6 支 10 发的匣子枪），佩戴了自制的红布臂章，先后来到南市大东门大富贵酒楼集合。中午 12 时整，南市小南门救火钟楼上响起 13 下起义钟声，埋伏在大富贵酒楼里的工人纠察队员们立即兵分三路，向淞沪警察厅发起了攻击。袁化麟驾驶着一辆敞篷汽车，率先冲进了警察厅的大门。工人王阿本第一个跳下汽车，手执红旗，率领其余工人纠察队员一齐冲进去，同时高呼口号，以迅雷不及掩耳之势，缴下了对方手中的武器，占领了警察厅。接着，工人纠察队员用缴获的 200 余支步枪武装了自己，又陆续攻下了水仙宫警察分署和警察一区署一分所、大南门的上海电话局等处。一路上，工人纠察队员们继续宣传鼓动，高呼："打倒军阀""打倒孙传芳""人人有饭吃，人人有工做"，受到沿途群众的拥护，许多市民主动跟随队伍前进，壮大了声势。

下午 3 时许，王若飞和中共南市部委书记江元青指挥华电工人纠察队队员、法电工人纠察队队员及求新造船厂工人近千人，将高昌庙兵工厂、江南造船所驻防部队等重要据点团团围住,分头攻打。工人纠察队员们一边在空火油箱里点燃鞭炮,犹如数架机枪齐发;一边对敌人阵营展开强大的政治攻势,高喊:"士兵们,你们赶快投降吧! 革命军已包围了上海,缴枪不杀! 不然,我们就要进攻了!"在攻打江南造船所时,袁化麟、钱天宝、吴金山等人驾驶一辆敞篷汽车,率领 200 余人冒着密集的弹雨,冲进江南造船所大门。驻厂的直鲁军海防队士兵吓得魂飞魄散,纷纷弃械,奔向黄浦江边乘船逃命,因争先恐后而被挤落江中,葬身江底。驻高昌庙兵工厂的一个军官持枪逼迫士兵还击,妄图负隅顽抗,被及时赶到的华电工人纠察队员一枪击毙,从他身上缴获一支勃朗宁手枪。其余士兵全部缴械投降。

到下午 5 时许,南市工人纠察队经过近 4 个小时的激战,控制了南市的通讯和交通枢纽,上海工人第三次武装起义在南市取得首战胜利。在这次起义中,华电工人纠察队共缴获机枪 4 挺,步枪和手枪 300 余支等大量武器弹药。起义胜利后,袁化麟带领工人纠察队员在电车上架起了机枪,沿中华路、民国路游行巡视,街道两旁群众群情激昂,燃放鞭炮,欢声四起。

当天傍晚,南市各路参加起义的队伍,集中在华商电气公司内召开大会,庆祝南市起义胜利。同时宣布成立上海工人纠察队南市总部(又称工人司令部),总部设于华商电气公司内,余茂怀任总司令。当晚,许多兄弟单位的工人纠察队员都住宿在华电内。尽管白天紧张激烈的战斗使大家十分疲劳,但华电的工人纠察队员们仍站岗放哨。他们每两小时一班岗,轮流替换,上半夜的口令是"北伐",下半夜的口令是"胜利",直至天明。

南市起义胜利后,于 3 月 23 日中午 12 时,在南车站前的广场上,召开了有五六万人参加的南市市民代表大会。会上,颜梦屏被推选为南市市民会议执行委员会主席,宋凤祥和汪裕先当选执行委员会委员。在南市市民的一致强烈要求下,南市区的市民政府决定召开南市群众大会,公审军阀直鲁军大刀队成员流氓头子张一清和参与杀害蔡建勋、史阿荣两名烈士的凶手杨彩亭等 4 名罪犯。

3 月 25 日,公审大会在南车站广场举行。在场的每个市民看到这 4 个反革命分子,个个义愤填膺,咬牙切齿。人们高呼:"杀反动派! 为死者报仇!"华电工人纠察队员张金泉,平时杀鸡时,手都会发抖,如今面对这些昔日横行霸道、今日却像断了脊梁骨的癞皮狗们,想起被残酷杀害的工友史阿荣、蔡建勋两位烈士,仇恨满腔,端起从军阀手里缴获的步枪手刃仇敌,为工友报仇雪恨。在场的工人纠察队员和市民们无不拍手称快。

为表彰南市工人纠察队的英勇业绩,4 月 8 日,颜梦屏、汪裕先等四人,作为南市市民代表会议的代表,慰问了南市工人纠察队,并授予印有"革命的先锋"5 个金字的红绸大旗。华商电气公司工人汪裕先在给家人的一封信中这样说道:"我起初也想埋身在世俗的生活中,使得家里人勿至于担惊受怕。可是,这一个办法的实行,仅使我感到了梦想的空虚,要实现却是不可能的。因此,我终于走进革命的圈子;因此,我终于跑进了牢狱的大门。在现实社会中间同我同一命运的人,正不知多少呢!"这是一个共产党员认识真理、走上革命道路的自述,是一个革命者对反动统治的无情揭露,也是中国共产党人对革命事业坚定信念的生动写照。

(三)上海解放前夕的上海工人运动

姚霏: 然而,正如一切革命都需经历反复较量才能取胜一样,由于中外反动势力的联合,加上党内右倾机会主义错误,大革命的胜利果实没有能够保住。蒋介石发动了"四一二"反革命政变,上海工人运动遭到血腥镇压,工人运动由高潮转向低潮。此后,由于中国共产党领导机关产生"左"倾错误,并延续 10 年之久,工人运动持续陷入低潮。直到 1936 年,中国共产党在抗日救国运动高潮中纠正了"左"倾错误,又制定了正确的白区工人运动指导方针。是年冬,上海工人运动才联合救国会派,走上了恢复与发展的道路。抗日战争时期,上海沦为"孤岛",特别是日军进占租界后,实行野蛮的法西斯统治,上海工人贯彻了党的"隐蔽精干,长期埋伏,积蓄力量,以待时机"的白区工作方针,并未举行大规模的工人斗争,而是如涓涓细流,在深入细致的发展中等待时机。

上海工人运动的再一次高潮是在上海解放前夕。抗战胜利后,国民党政府推行内战独裁政策,造成物价飞涨,失业人数剧增。在 14 年抗战中历经千辛万苦的华电广大职工,闻讯公司恢复,怀着满腔的热情和希望,纷纷回到公司。1946 年 6 月,全面内战爆发后,国统区人民在中国共产党的领导下,反美、反蒋的爱国民主运动空前高涨,上海工人运动蓬勃发展。华电党支部也在 1948 年进行了加薪斗争。当时,上海工人、职员和其他各界人民在上海地下党的领导下,广泛开展反对国民党政府拆迁工厂设备、破坏城市设施的群众运动,并配合中国人民解放军在 1949 年 5 月解放了上海。从 5 月 12 日解放军向上海外围的敌人发起进攻,到 5 月 27 日解放上海的16 天内,全市绝大多数工厂运转如常,学校继续上课,商店照常营业。尤其是在解放市区时战火激烈,硝烟弥漫持续三日之久,但水电煤从未中断,电话畅通,市政交通基本正常,社会秩序稳定。这里就有以华商电气公司为代表的进步工人的功劳。

1949年5月中旬,中国人民解放军解放上海的隆隆枪炮声隐约可闻。中共地下党组织,要求确保全市"不停电、不停水、不停交通"。当时的华电成立了护厂队,一面英勇护厂,一面坚守生产岗位,保证了南市地区的电力正常供应。5月25日南市解放。26日,华电组织职工张贴"热烈迎接人民解放军进驻华电""欢迎人民解放军"等大幅彩色标语……华电工人沉浸在欢欣鼓舞的节日气氛中。

可以说,一部华商电气公司的工人运动史,是近代中国工人运动的缩影。经过近百年的奋斗,特别是在20世纪20年代以后,在中国共产党的领导下,中国工人英勇奋斗,百折不挠,终于在1949年迎来了新中国的成立。华商电气公司的工人群众以自己的实际行动谱写了中国工人运动史上光辉灿烂的篇章。

(四) 工人运动的启示

徐文越:感谢两位老师的生动讲述,将我们带回了那曾经的沧桑岁月和轰轰烈烈的工人运动之中,正是有了这些先辈在党领导下不畏牺牲的英勇斗争,才最终迎来新中国的诞生。

从中我们也深刻体会到:一是必须有先进思想的指引和中国共产党的领导,工人们才会有思想上的觉悟,认清自身的历史命运,唤醒阶级意识,自觉投身反抗压迫、争取解放的斗争之中。正是中国先进知识分子历尽艰辛,最终选择了马克思主义的科学理论,并一经掌握理论就紧密地同工人运动结合起来,也就成为最锐利的武器。"理论一经掌握群众,也会变成物质力量。"[①]二是工人们必须团结组织起来,才能超越自身利益和地域帮派的局限,不为压迫者利用和瓦解,形成真正强大的阶级力量,并具有严密的组织性和纪律性。当然,这种团结本身也只能是在有了科学理论的指导后才能真正形成,否则只会是一盘散沙,或依然摆脱不了落后的封建性质。三是工人们身上体现出的不畏牺牲的斗争精神和爱国情怀值得我们后人永远铭记和学习。也正是有这些奋斗和牺牲,才有革命事业的成功和今日祖国的繁荣昌盛。同时我们还应不断从这些英勇先烈的革命精神中汲取继续前行的力量。

新中国成立后,不仅我们的工人迎来了新生,工人们工作的工厂和建筑也同样迎来了新生,有了更好、更快的发展。同时随着时代的变迁,产业的升级,包括整个城市的更高水平发展,一些老建筑也经历改造和重生。曾经的南市发电厂,就是一个非常成功的转型的例子。

---

① 马克思恩格斯文集:第1卷[M].人民出版社,2009:11.

　　下面有请孙老师给我们介绍新中国成立后的南市发电厂,特别是这座建筑后来经历了怎样的变迁,又通过怎样的改造使建筑本身重获新生。

(五) 建筑的华丽转型与城市的新生

　　孙耀龙： 新中国成立后,华商电气公司于1954年7月实行公私合营,成立了南市电力公司,次年改为国营南市发电厂。1958年扩建时还安装使用了国内第一台1.2万千瓦双水内冷汽轮发电机。1985年,建成了如今我们所看到的建筑主体及高达165米的标志性烟囱。主厂房为混凝土排架结构,逐级上升的屋顶、巨大的分离器、简洁的表皮,整体具有强烈的工业文明特征。为了推进节能减排、保护环境工作,至2006年,南市发电厂全部3台机组先后停止运行。2007年,随着南市发电厂小机组的拆除,其作为发电厂的历史使命正式终结,但它的新生在经历破茧成蝶的华丽转型后,又重新焕发新的光彩。

1. 工业建筑的成功改造

　　城市发展的过程是一个持续不断、新旧更迭的动态过程,是这座城市生命体的"新陈代谢"。已经被淘汰的工业建筑虽然失去了原来的功能,但其仍然具有被改造后重新开发利用的价值。对这些旧工业建筑的改造不仅能节约能源、资源,减少垃圾排放和环境污染,实现对现有资源的最大利用,也体现了其可持续性的生态意义;同时还能最大限度地保存和保护城市历史风貌及人文记忆,具有延续文化的可持续发展意义。

　　南市发电厂所特有的宏大空间和鲜明的工业特征,加之其特殊的地理位置,在倡导"勤俭办博"和"可持续发展"的2010上海世界博览会主旨下,南市发电厂成功地开启了另一段精彩人生——"重新发电"。

　　在2010上海世博会举办期间,南市发电厂被成功改造成主题展馆之一——城市未来探索馆和城市最佳实践区案例报告厅(用于展示非物质的、无形的城市实践案例)。成为国内第一栋由老厂房改造而成,并获得国家"三星级绿色建筑设计标志证书"的绿色建筑。南市发电厂的关停、厂房旧建筑的保护与再利用,正是上海世界博览会主题"城市,让生活更美好"的鲜活写照。

　　同济大学设计院原作设计工作室承担了整体改造设计任务。主案建筑师章明在尊重原有建筑形态和体量特征的前提下,进行局部的改造和适当的内部加建,使厂房原有的空间要素成为改造后展馆空间的重要组成部分。在保留历史记忆、延续空间场所的同时,满足全新的功能要求,并且最大限度地保留建筑内外原有形制,保留结构、构造与部分机器设备,展现工业文明痕迹与历程。

世界博览会期间的南市发电厂融合了历史记忆和时代精神,成为黄浦江畔又一座新的城市地标。通过新技术、新工艺与老厂房之间和谐共生,映射了城市生生不息的青春活力和可持续发展的广阔前景。

2. 再次华丽转型

2010 年上海世界博览会的成功举办圆了中国人的百年世博梦。世界博览会虽然结束了,但其举办效应仍在今后很长一段时间内得以延续。2011 年 8 月,上海市委、市政府决定将世界博览会城市未来馆改建为上海当代艺术博物馆(见图 3-2)。这一举措不仅传承了上海城市悠久历史的文脉,也契合了国际上将有特色的城市建筑改造成当代艺术场馆的一贯做法。博物馆与周边现有的世界博览场馆相映生辉,形成了上海新的文化设施、文化创意产业集聚区。上海向来有领时代风气之先的传统,率先建立大型当代艺术博物馆,再次体现了其海纳百川的上海精神。

图 3-2　上海当代艺术博物馆

经全方位改造后的上海当代艺术博物馆成为中国大陆第一家公立的当代艺术博物馆,也是集当代艺术展览、收藏、研究、交流、体验教育等功能为一体的标志性城市公共文化活动中心。它既蕴藏了城市历史底蕴,又符合国际艺术发展潮流。它改变了上海的艺术格局,并与展示古代艺术的上海博物馆、展示近现代艺术的中华艺术宫互相呼应,使上海艺术展藏的格局更为完整,脉络更为清晰。修缮一新的上海当代艺术博物馆,其总建筑面积达到 4 万余平方米,具有大小高度不一、适合各种展览的 12 个展厅以及图书馆、研究室、报告厅等功能性设施,承担起国际性的视觉文化交流的重任,为国内外优秀当代艺术作品提供最好的展示环境,为中外艺术交流提供良好的氛围条件。通过汇集国内外当代艺术的优秀成果,丰富和拓展公众的文化视野,培育青少年创新创意的自觉意识和能力,为文化创意产业的发展带来源头活水,为上海成为中国和世界当代艺术传播、交流、展示与合作的中心之一奠定坚实的基础。

同济大学设计院原作设计工作室继续担任了进一步改造的任务:通过对之前空间的有限干预,保持建筑物的现存空间秩序及产业特点。他们试着以新旧结合展示时空上的跨度,并向整个城市展现热情的态度,模糊了休闲和展览空间,改变了观者与展品之间的传统关系,成功地将参观行为转化为日常生活的一部分。项目通过多样且复合的文化表达方式诠释人和艺术的深层关系,同时分解传统的单一参观路径系统,以漫游的方式打破了以往展览建筑封闭路径的壁垒,为观众开放了多重路径,为艺术探索创造了许多可能性。

2012 年 10 月 1 日,上海当代艺术博物馆正式对公众开放。上海双年展作为开馆展览,主题为"重新发电",要用艺术的精神能量影响市民的生活。这种"重新发电",显示了社会的进步、文化理念的提升、时尚品位的升级。继续保留了的那具有象征意义的高耸的烟囱,被赋予了新的含义,就是让原来输出物理能量的地方,进而向城市辐射艺术的能量。

原上海南市发电厂经过改造成为 2010 年上海世博会城市未来探索馆,又变身为上海当代艺术博物馆。不断自我更新,不断让自身处于进行时,正是其生命之源,而这一转变也体现了上海城市发展的趋向。

3. 传承与新生

徐文越:感谢孙老师的专业讲解。至此我们也就从历史的时空中回到现实的世界,并展望了更加美好的未来。如今,曾经的南市发电厂已经成为展示当代艺术的时尚之地,成为上海新的文化地标,曾经江边的工业码头也已成为广大市民休闲娱乐的亲水岸线。黄浦江两岸的公共空间已全面贯通,并将打造以"活力、人文、自然"为原则的世界级滨水空间。在这里我们经历了人与建筑以及整个城市重获新生的过程。

首先,我们通过建筑与党史的不断碰撞和交融,体会到了一个同样的主题——传承和新生。建筑也有生命,我们对它的保护,不仅可以是静态的,使其保持原貌,还可以是动态的,通过功能转换,使其重获新生。这样做既保留了历史记忆,又面向未来"重新发电"。建筑背后承载的人与事,同样体现了一种继承和发展。我们不能忘却革命先辈的牺牲和英勇的斗争,应保留对他们的记忆,传承他们的精神。同时我们也看到一种新生,过去受压迫的工人阶级已翻身成为国家和企业的主人,有了今天的幸福生活,并正在创造着更加美好的生活。面向未来的奋斗,也正是最好的传承。

其次,我们应不忘来时路,不忘肩负的使命,传承好红色基因。从当年的华电到今日的当代艺术博物馆,彰显的是沧桑巨变,今日的和平昌盛是英勇斗争的革命先烈用鲜血换来的,所以我们应更加珍惜今天来之不易的幸福生活。正如习近平总书记所讲:"我们走得再远,都不能忘记来时的路。"①我们不能忘记红色政权是怎么来的、新中国是怎么来的、今天的幸福生活是怎么来的。正是中国共产党人带领中国人民经历了不畏牺牲的英勇斗争才换来我们今天的民族独立和繁荣富强。所以,我们应留住这些红色记忆,不仅是在以文字记载的方式保留历史教科书中,而且还可通过这些实际留存的建筑阅读历史,这是更生动的语言,书写在整个城市之中。我们对建筑不是推倒重来,而是改造重生,这样也就让整个历史有了更鲜活而真实的载体。

再次,我们从中也应体悟到,美好生活是奋斗而来的,这本身也体现着"城市,让生活更美好"的主题。不管是当年共产党人带领工人阶级进行的英勇抗争,还是从旧的工业建筑改造为今日文化艺术中心,都是为了人民更美好的生活,当然也都离不开奋斗和努力付出。正如习近平总书记的庄严承诺:"我们这一届党中央明确提出'人民对美好生活的向往,就是我们的奋斗目标',是一以贯之的。"②这是共产党人对于初心使命的真正践行。对于我们青年学生而言,更应在这奋进的新时代,奋发有为,为创造更美好的生活,为实现中华民族伟大复兴的中国梦贡献力量。

三、拓展阅读:上海工人第三次武装起义③

1927 年 3 月 21 日,上海南市区域打响了起义的第一枪,参加起义的工人纠察队按照原定计划,以中午 12 时小南门救火钟楼钟声为号,实现总罢工,然后兵分三路,

---

① 习近平.论中国共产党历史[M].北京:中央文献出版社,2021:184.
② 习近平.论中国共产党历史[M].北京:中央文献出版社,2021:20.
③ 沈建中.中国工人运动史上光辉的一页——上海工人三次武装起义[J].大江南北,2017(3).

分头进攻。下午3时，在江南造船厂和高昌庙兵工厂会师。到下午5时许，工人纠察队控制了南市的通讯和交通枢纽，首战告捷。

上海北市区域的虹口，三面与租界接壤，一面是华界市郊。在这里只有警察署，没有驻军。工人纠察队集中优势兵力，迅速攻占了虹口中心警察署，进展顺利。虹口是最早结束战斗的地区。

在沪西区域，下午1时，沪西工人从总同盟罢工转为起义。沪西部委书记佘立亚亲率一支队伍从曹家渡发起了进攻。在完成沪西的既定目标后，佘立亚率队伍支援闸北的战斗。下午1时，沪东的韬朋路底和马玉山路底两处分别集中两万多群众举行大会，沪东部委书记张永和做动员。大会结束，起义队伍排着整齐的队伍进发。工人纠察队势如破竹，很快攻占了各警察署。两支队伍在实现了预定的目标后胜利会师，向闸北前进。中午12时，浦东祥生船厂拉响了汽笛，浦东各工厂工人都向祥生船厂门前集中。工人纠察队分成三支队伍，各界群众汇合成近万人的队伍。战斗进行了4小时，以胜利结束。中共吴淞部委领导2 000多名工人举行了起义，随后，一批工人纠察队员赶到宝山县城，攻打宝山县警察署，取得全胜。

闸北地理位置十分重要，是起义的主战场。直鲁联军的兵力集中在此，重要据点有20多处，起义的成败取决于在这里的决战。中午12点，汽笛长鸣，罢工开始。1小时之后，工人纠察队向各敌据点发动猛攻，至下午4点，敌人只剩下3个据点——北火车站、商务印书馆和天通庵火车站。周恩来和起义副总指挥赵世炎对原先的部署作了调整，认为北火车站敌人多、工事坚固，易守难攻，对其暂取守势；商务印书馆俱乐部守敌虽少，但有机关枪和大量炸弹，可对其包围；天通庵火车站因铁路已断，敌军惊慌失措，可集中兵力强攻。强攻取胜后，进攻目标马上指向商务印书馆俱乐部。周恩来亲临现场考察地形，命令围而不打，严防敌人突围和增援，断其生路以乱军心。

22日下午4时，工人纠察队终于攻克商务印书馆俱乐部所在地东方图书馆，并缴获了大量武器和军需品。敌人只剩下最后一个据点——北火车站。上海总工会派人前往驻龙华的北伐军东路军指挥部进行慰问，请白崇禧出兵助战。但是白崇禧婉辞推托，按兵不动。周恩来听取汇报后表示：决不依靠北伐军拿下北站。下午5时发起总攻击，6时许战斗结束。前后30小时的激战，打败了军阀部队，于22日占领上海。起义中工人牺牲200余人，伤千余人。起义取得成功的当天，4 000余代表在南市九亩地新舞台召开市民代表会议，选举产生了上海市政府委员19人，组成了上海市民政府，其中共产党员和共青团员有10人。政府在组织领导和组织成分上都体现了工人阶级的领导权。23日上海市民政府在南市蓬莱路上海县署开始办公。长期被帝国主义和北洋军阀统治的上海回到了人民的手中。

虽然不久之后,蒋介石发动"四一二"反革命政变,篡夺了上海工人以生命和鲜血换来的革命成果,但上海工人的武装起义,表现了中国工人阶级坚强的战斗性、严密的组织力量和英勇的献身精神,再次将中国工人运动推向高潮,同时震动了中国和全世界,成为中国工人运动史上光辉的一页。

参考文献

[1] 上海南市发电厂本书编写组.上海华商电气公司工人运动史[M].北京:中共党史出版社,1993.
[2] 李家齐.上海工运志[M].上海:上海社会科学院出版社,1997.
[3] 沈以行,姜沛南,郑庆声.上海工人运动史(上卷)[M].沈阳:辽宁人民出版社,1991.
[4] 沈以行,姜沛南,郑庆声.上海工人运动史(下卷)[M].沈阳:辽宁人民出版社,1991.
[5] 薛顺生,娄承浩.老上海工业旧址遗迹[M].上海:同济大学出版社,2004.
[6] 上海世博杂志编辑部.走进世博会[M].上海:东方出版中心,2008.
[7] 上海世博会事务协调局,上海市城乡建设和交通委员会编.上海世博会建筑[M].上海:上海科学技术出版社,2010.
[8] 苏智良,姚霏.初心之地——上海红色革命纪念地全纪录[M].上海:上海人民出版社,学林出版社,2020.

第四讲　上海地下党组织与中国革命

上海是中国共产党的诞生地,也是党中央机关的长期驻扎地。民主革命时期,上海一方面是中国最大的经济中心和中国工人阶级的大本营,另一方面也一直是反动势力统治的中心。因此,上海的革命斗争形势格外复杂、十分残酷,革命斗争的手段和方式也要灵活多变,既有公开的正面交锋,也有隐蔽的地下斗争,留下了许多珍贵的地下斗争遗迹。其中,地处繁华闹市的静安区愚园路81号的一座三层法式小洋房"中共上海地下组织斗争史陈列馆暨刘长胜故居",记录了上海革命秘密斗争的汹涌波涛和上海解放的故事。

本讲问题

1. 你知道哪些上海地下党人英勇斗争的故事,你会怎样讲述这些故事?
2. 什么原因使得上海地下党人在长期残酷的反动统治下无所畏惧地坚持革命斗争?
3. 为什么中国共产党在上海的地下斗争能够获得最终的胜利?
4. 新时代青年大学生应以何种精神面貌和智慧担当起民族复兴的大任?

一、中国共产党上海地方组织发展沿革

课程导入

周利平(上海城建职业学院马克思主义学院讲师):初冬时节,我们相聚上海静安区愚园路81号。这座布满了爬山虎的三层法式小洋楼,就是"中共上海地下组织斗争史陈列馆暨刘长胜故居"。

在周围高楼大厦的环抱下,这幢建筑显得格外的秀雅宁静,这里既是中国共产党上海地下党组织领导人之一刘长胜1946—1949年担任中共中央上海局副书记时的居住地,也是中共中央上海局的秘密机关之一。这里记录着上海地下党组织与上海地方组织密切配合,进行上海抗日救亡运动与里应外合解放上海的革命历程和精

彩瞬间。这段红色记忆是上海革命乃至中国革命的重要组成部分和关键环节,也是新中国成立的重要起点之一。

上海是中国共产党的诞生地,也是党中央机关的长期驻扎地。民主革命时期,上海一方面是中国最大的城市和最大的工商业中心,成为中国工人阶级的大本营;另一方面是外国帝国主义长期侵略中国的"桥头堡垒"和国民党反动派统治的主要据点之一。因此,上海成了中国工人运动、革命文化运动和各民主阶层爱国民主运动的前沿阵地和主战场之一,成为中国革命运动的指导中心。上海的革命斗争复杂残酷、瞬息万变,既有公开的正面交锋,也有隐蔽的地下秘密斗争。中国共产党领导的公开斗争与秘密斗争交相辉映、密切配合,不断推动着上海革命斗争和解放事业的胜利前进。

本次场现场教学由我主持,同时邀请中共上海地下组织斗争史陈列馆暨刘长胜故居执行馆长郎晴老师,我校建筑与环境艺术学院杨帆老师共同完成。两位专家将分别从党史和建筑学的视角,带领我们一起从这幢历史建筑中回顾上海解放前的那段峥嵘岁月,追寻那段红色印迹,传承伟大革命精神。

上海是党的孕育地和诞生地。如果政党也有籍贯的话,中国共产党的籍贯应该是上海。中国共产党的最早组织是 1920 年 8 月在上海建立的。从 1921 年 7 月中共一大的召开标志着中国共产党正式成立,到 1933 年 1 月中共临时中央政治局被迫迁往江西瑞金,在近 12 年的时间里,除了有几次短暂的迁离,中共中央领导机关都设在上海。中国共产党成立后,一直非常重视上海革命工作的开展。首先有请郎晴馆长为我们介绍中共上海地方组织的历史沿革及其时代背景。

(一) 中国共产党上海地方组织发展沿革

郎晴(中共上海地下组织斗争史陈列馆暨刘长胜故居执行馆长):首先让我们一起了解一下中国共产党上海地方组织沿革(1921 年 12 月—1949 年 5 月)(见表 1)。

表 1　中国共产党上海地方组织沿革表(1921 年 12 月—1949 年 5 月)

起始时间	组织名称	领导范围	领导人
1921 年底	中共上海地方委员会	上海	陈望道、张太雷
1922 年 7 月	中共上海地方兼区执行委员会	上海、江苏、浙江	徐梅坤、邓中夏、王荷波

续　表

起始时间	组织名称	领导范围	领导人
1924 年 4 月	中共上海地方执行委员会	上海	庄文恭
1925 年 8 月	中共上海区执行委员会	上海、江苏、浙江、安徽	尹宽、王一飞、罗亦农
1927 年 6 月	中共江苏省委兼上海市委	江苏、上海	陈延年、邓中夏、项英、徐锡根、罗广(罗登贤)、李维汉(罗迈)
1930 年 10 月	中共江南省委	上海、江苏、浙江、安徽	李立三
1931 年 1 月	江苏省委	江苏、上海	王明、王云程、史通(章汉夫)、袁孟超、孔二、宝尔(许包野、许鸿藻)、王明德
1937 年 6 月	中共上海三人团	上海	刘晓
1937 年 11 月	中共江苏省委	上海、江苏、浙江	刘晓
1943 年 1 月	中共中央华中局地区工作部	上海、南京等	刘晓、刘长胜
1945 年 8 月	上海市委	上海	刘长胜、张承宗

注：1. 1933 年初，中共中央机关迁到江西苏区。之后，中共上海地方组织屡遭破坏。到 1935 年 1 月，中共上海地方组织已无领导机构。
　　2. 1947 年 1 月，中共中央上海分局建立(1947 年 5 月改为中共中央上海局)，领导长江中下游大城市的党组织，上海市委属上海局管辖，直至上海解放。

从《中国共产党上海地方组织沿革表》我们可以看到，1921 年 12 月至 1949 年 5 月中国共产党上海地方组织的历任领导、组织名称以及领导范围情况。

从备注中我们可以看到，1933 年中共中央机关迁到江西苏区后，中共上海地方组织屡遭破坏。至 1935 年 1 月，中共上海地方组织已无领导机构。

全民族抗战爆发前夕，中共中央为适应即将到来的新形势和新任务，决定派一批有城市工作经验的干部，在国民党统治的重要省市重建党的组织，领导抗战工作。1937 年 6 月，刘晓受中央委派从延安来到上海，组织重建上海党组织领导机构。遵照中央指示，由刘晓、冯雪峰、王尧山组成中共上海三人团，准备恢复和重建地下党组织，刘晓主持了上海党组织的恢复和重建工作。

周利平：感谢郎馆长为我们简要介绍了中共上海地下组织的历史沿革、党组织领导机构及其使命。随着革命形势的不断变化，中共上海地下组织历经多次调整和变动，在上海的地下斗争中一直发挥着组织领导的重要作用。

那么，党在上海的地下斗争与我们眼前的这幢历史建筑有着什么样的关系呢？下面，有请杨帆老师为我们介绍这座建筑的历史故事。

（二）故居建筑的历史故事

杨帆（上海城建职业学院建筑与环境艺术学院讲师）：上海，一座国际化的大都市，在中国现代化进程中发挥着极其重要的作用。它有着深厚的历史沉积和文化内涵。一幢幢历经风霜的优秀历史建筑，正如一个个镌刻在上海发展历史长卷上的符号，向来往的人们缓缓地阐述着这座城市所经历的一切。这些散落在上海各区的优秀历史建筑，既是上海的宝贵财富，又是所有中国人的宝贵财富，是我们不能忘却的历史的见证。

上海有 64 条永不拓宽的马路，因为最完好和集中地体现了上海历史文化，因此受到了"最高级别"的保护，至今仍保存着老上海原汁原味的风貌。愚园路就是其中的一条马路。就像它的名字一样，整条愚园路一直保持着低调和含蓄，就这样静静地隐匿在上海一隅。作为曾经公共租界的一条马路，2 000 多米的街道曾经住着一代文人墨客、富豪名人，拥有数十种不同建筑风格的洋房别墅。漫步在这条颇具传奇色彩的路上，游走于古典气息和现代气息并存的弄堂和建筑之间，我们会不禁发出一些感慨，会不由自主地浸入一种怀旧的情绪之中。

愚园路的历史可以追溯到 100 多年前。那时，这里只是一片人烟稀少的田地。后来，太平天国军队进攻上海的时候，上海道台在静安寺北侧修筑了一条军路，也就是现在愚园路东边的一段。到了 1865 年，这条军路交由上海公共租界工部局管理，形成了今天愚园路的雏形。

1899 年，公共租界的西部界线推进到了静安寺的西侧，此处有一个著名的私家园林"愚园"，于是这条马路被命名为愚园路。

1911 年，公共租界工部局将租界外的一条小河浜填平，愚园路向西延伸至今天的江苏路。

1913 年，整条路继续向西扩展至今天的长宁路。由于愚园路东临市区，西接郊区，交通十分便利，但地价低廉，于是大批达官显贵、商贾公司纷纷在此选址建房。

一幢幢别具风格的洋楼别墅拔地而起,越来越多的中上层人士选择在这个毗邻静安寺的"风水宝地"定居,这里也慢慢发展成沪西高级住宅区。浓郁的"混血气质"使得愚园路更加引人入胜。

在这里,我们既可以找到近代西方建筑思想、建筑风格,又可以感受到上海本地的特色,可以说这条承载着历史的有着多样化风格建筑的马路,就是上海近代建筑发展历史的见证者。绿树环绕下的一幢幢建筑,静静地伫立在那里。每一幢建筑都有着自身的历史和故事。位于愚园路 81 号的刘长胜故居就是这众多充满故事的建筑之一。

周利平:聆听了两位专家的讲授,我们了解了这幢建筑的历史背景和革命故事。这幢始建于 1916 年的建筑已经有了 100 多年的历史,属于上海市文物保护单位,具有非常深厚的历史底蕴。

1946—1949 年间,刘长胜同志担任中共中央上海局副书记。他与夫人郑玉颜住在这幢建筑的二楼。张承宗时任中共地下党上海市委书记,与夫人俞雪莲住在这幢建筑的三楼。刘、张二人在此做了 3 年邻居。他们既是上下级,又是亲密战友。同时,这里也是中共中央上海局、中共上海市委的秘密机关之一,是中国共产党上海地方组织的指挥中心,在上海的地下革命斗争中发挥了不可磨灭的历史作用。

大家一定很好奇,为什么党的秘密组织会选择驻扎这里呢? 刘长胜作为当时上海工人运动和地下党组织的杰出领导人之一,到底是何许人也? 他又有着怎样的传奇故事呢? 请郎馆长为我们解密。

(三) 刘长胜到底是谁?

1. 中共上海地下党组织的选址

郎晴:1945 年 8 月,刘长胜同志受党中央的委派来到上海领导地下斗争,先是租借了这栋楼二楼的一个房间。

为什么刘长胜同志会选择居住在愚园路 81 号呢? 一方面是便于与当年住在三楼的地下党市委书记张承宗同志联系工作;另一方面,是出于对此楼所处环境的考量。主要有两个原因:第一,这里离国民党警察厅很近,最危险的地方往往是最安全的地方;第二,愚园路边上有一条静安寺路,也就是今天的南京西路,当年附近有一条庙弄,类似城隍庙(见图 4-1),非常热闹,鱼龙混杂,便于开展隐秘工作。

图 4-1   上海城隍庙

中华人民共和国成立后,刘长胜故居一直是居民住宅,1992 年被列为上海市纪念地点,2004 年 5 月 27 日正式对社会开放。展馆一楼复原了"中国左翼作家联盟"筹建地点——公啡咖啡馆。它的原址位于四川北路/多伦路路口,现已拆除。二楼、三楼展示了中共上海地下组织发展、斗争的历程。

2. 刘长胜其人

刘长胜出生在山东,早年因家境贫寒,随舅父到符拉迪沃斯托克当码头工人并加入苏联共产党,后转为中国共产党。

1934 年底,刘长胜受共产国际委派,携带密电码返回中国,寻找正在长征中的中共中央。他历经千难万险,胜利完成任务。毛泽东同志称赞他为党"立了一大功"。

1937 年 9 月,他受中共中央委派,来到上海协助刘晓同志恢复和重建上海地下党组织。为掩护身份,刘长胜化名刘浩然。1941 年 1 月 1 日,他在美租界常德路 65 号开了一家小杂货铺"荣泰烟号"(见图 4-2)。

刘长胜身材魁梧,体型较胖,为人和气,常爱讲讲笑话。来往客人、左邻右舍都称他为"胖刘老板"。

刘长胜故居是他在 1946—1949 年的居住地。1946 年的一天,时任中共上海市委书记的刘长胜住进了这里,时任中共江苏省委书记刘晓经常来这里与刘长胜商议工作事宜。

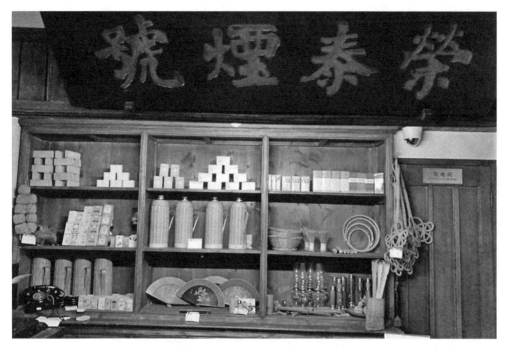

图 4 - 2　"荣泰烟号"内景复原图

　　周利平：感谢郎馆长为我们详细分析了当时秘密联络选择此处的多种考量，介绍了刘长胜的生平与革命传奇故事，还带领我们观看了刘长胜当年伪装成生意人穿着的中式对襟旧夹袄、刻着表达革命信念的"筷子"、蕴含着地下组织老同志的革命友谊的两块"手表"等珍贵文物。刘长胜不愧为隐蔽战线的传奇人物和情报专家！我们深刻缅怀老一辈地下工作者们在对敌斗争中的不易和英勇！现在我们来思考一下，这座已有 100 多年的历史的建筑是不是自建成以来就一直保持着原貌呢？

　　3. 故居建筑的时代变迁

　　杨帆：2001 年 6 月，为了配合城市建设，整幢建筑运用了整体加固推移技术由西向东平移了 118 米。这次的整体推移技术不断地在实践中得到了成功的检验，也为以后保存、移动文物建筑提供了借鉴，同时这项工程也是上海迁移历史上规模庞大、难度系数极高的一项工程。

　　故居的整体建筑结构是砖木结构住宅。在经历了战火和岁月的洗礼之后，整个建筑出现了比较严重的损毁。外墙开裂、门窗霉变、屋顶漏水、楼梯楼板等问题都严重地影响了正常的使用。

　　对此，上海市政府开始着手对整个建筑进行修缮。在修缮的过程中，设计和施工人员本着"修旧如旧、以存其真"的原则,以"保护为主、抢救第一、合理利用、传承发展"作为整个工程的指导思想,充分保护建筑的历史原貌和历史价值,既没有简单地修修补补,只注重对建筑物的表面进行修缮,对内部的问题视而不见;也没有大肆地发挥主观能动性,过于依赖现代技术和材料,不考虑建筑本身的内涵和结构,进行破坏性的修复。

在修缮施工前,相关人员征求了多方的意见,制订了非常详尽的计划。在修缮前,对原建筑物的结构及一些细节进行了详细的记录,并且对一些重点部分和一些能够反映艺术风格特色和建筑历史的损坏的部件进行反复考证,然后才确定了科学细致的修复方案。

原来的内部木结构承重构件无论从安全性还是实用性上都不适合再使用了,所以对它进行了拆除,然后加入钢筋混凝土并和原来的结构进行了连接。对原有的铸铁栏杆和木质扶手进行了原汁原味的修复。

在外部墙面的保护中,设计施工人员为了最大限度地保留建筑物的外观样貌和艺术特征,制订了更加细致、缜密的计划,采用了更谨慎的方法进行修缮。对已经风化损毁的一层墙面进行了细致的修补和严格的防水保护。对二层及以上的颇具特色的卵石墙面在保证不破坏原有建筑风貌和艺术价值的前提下,进行了细致入微的清洗。

我们现在看到的建筑是维修之后的样貌,整体上保留了建筑的原貌特征,比如,建筑外墙的一层红砖清水墙和颇具特色的二层及以上的卵石墙面等。这次工程对于挖掘上海历史文化内涵,增强静安区域文化气息,提升整体文化艺术品位,将城市的历史与未来有机融合,让兼容并蓄的海派文化特征得以充分展现等方面,都有着极其重要的意义。

周利平:感谢杨帆老师详细讲解刘长胜故居在旧区改造中整体平移得以保护的故事。在 2001 年静安规划开发九百城市广场时,这幢已经 80 多岁的砖木结构的刘长胜故居,已经率先被保护性地运用建筑整体加固推移技术整体加固平移了 100 多米。2004 年 5 月 27 日,刘长胜故居作为"中共上海地下组织斗争史陈列馆"正式向全社会免费开放。2014 年经修缮改版后进一步增加实物展出,还原历史风貌,"旧貌换新颜"后再度向社会开放。

建筑作为人类文明的物质载体,承载着时光与空间的记忆,记录着历史中的人、事、物而凝聚的精神,传承着人类文明。

这幢洋房及其展品记录着在抗日战争、上海解放战争等革命时期的哪些人和哪些事,对上海革命乃至全国的革命形势起到哪些积极作用呢? 有请郎馆长为我们进一步解读中共地下党组织与上海抗日救亡运动方面的情况。

二、中共地下党组织与上海抗日救亡运动

(一) 组织群众抗日救亡运动

郎晴: 在抗日战争期间,上海地下党组织遵照"隐蔽精干,长期埋伏,积蓄力量,等待时机"的方针,领导上海各界人士开展了一系列抗日救亡运动。

1937年7月7日,日本侵略军发动卢沟桥事变,史称七七事变,由此,抗日战争全面爆发。七七事变后,中共上海三人团确定了把秘密党组织的重建工作与领导群众运动结合起来的工作方针。

为加强对群众运动的领导,1937年7月中旬,刘晓决定在中共上海三人团下建立群众团体工作委员会和工人工作委员会。此举有力地促进了党组织的发展与群众抗日运动的开展。

8月,国共双方协定,八路军驻沪办事处为党在上海的公开领导机构。25日,位于福煦路多福里(今延安中路504弄)21号的八路军驻沪办事处成立(见图4-3),李克农、潘汉年先后为主任,刘少文任秘书长。八路军驻沪办事处团结争取上层进步人士,充分利用其公开合法的地位,与中共上海三人团密切配合,为上海地下党的重建提供了更有利的政治环境。

11月初,中共江苏省委成立(见图4-4),书记刘晓,副书记刘长胜,组织部部长王尧山,宣传部部长沙文汉,军委书记张爱萍。省委工作以上海为中心,还领导江苏、浙江中共地下组织工作。中共江苏省委下设军事运动委员会、工人运动委员会、职员运动委员会、学生运动委员会、妇女运动委员会、文化界运动委员会6个系统的党委,其主要任务是开展群众救亡运动。

图4-3　八路军驻沪办事处

图4-4　中共江苏省委旧址(左为永嘉路,右为长乐路)

11月19日,中共江苏省委根据党中央的指示做出了《关于上海陷落后上海党的任务决议》(见图4-5)。12月7日,又发出了《我们对于统一上海救亡运动的意见》,指导上海沦陷后的抗日工作。

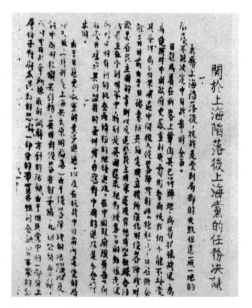

图4-5　《关于上海陷落后上海党的任务决议》

中共江苏省委成立后,针对党的主观力量极其薄弱的情况,首先确定了以"发展"为中心的组织路线。中共上海地下组织通过结拜兄弟姐妹等方式以广交朋友来开展群众工作。我们可以看到邮局职工结拜兄弟的《金兰同契》(见图4-6),中共江苏省委职委领导的以上海商业店员为主体的1938年2月成立的益友社群众爱国团体。该社在党的领导下,坚持抗日和民主爱国活动长达12年。这一时期,中共上海组织在女青年会和女工夜校里培养、发展了大批纱厂女工参加革命。

图4-6 《金兰同契》封面

全民族抗战爆发后,中共中央书记处发出《关于组织抗日统一战线,扩大救亡运动给各地党部的指示》。中共上海三人团与中共上海办事处决定,在共产党影响较大的文化界先成立抗日救亡协会。随后,又在各个救亡协会建立了党的组织。

1944年冬,上海地下党学委、工委借圣诞节、元旦、春节之机,以寄发贺年卡的形式,发动一场宣传攻势。工委寄给高级职员、工商界人士、社会名流、帮派头目等的贺年卡,正面印有"恭贺新禧,并祝进步",背面印有抗日《新三字经》:"东洋人,顶混蛋,抢我土,谋我财。物价高,死勿关,黄糙米,一眼眼,黑市货,卖五万。幸亏得,苏英美,把德国,打下台,倭东洋,阎王催。新四军,四周在,救同胞,打上海。他领头,敲脑袋,我把那,后脚扳。里通外,做比赛,杀鬼子,大家来。从此后,上海滩,享太平,万万代。"(见图4-7)

上海地下党组织展开各项活动支援前线。1937年"八一三"淞沪抗战爆发后,中共上海三人团积极领导上海各抗日救亡协会,打开了群众工作的局面。上海各救亡协会建立起募捐队、慰问队、救护队、运输队、战地服务队,鼓励青年学生参加抗日救亡,支援抗击日军的中国军队。

《真理》等成为宣传抗日的进步刊物。1937年8月,日本侵略军占领上海,采取了取缔一切反日宣传的措施。面对侵略者的淫威,中共江苏省委决定:转变形式,开辟新的阵地;集中力量,冲破敌人新闻、文化封锁。中共江苏省委不仅创办了党内秘密刊物《真理》,还组织上海的进步文化人士机智灵活地创办了多种宣传

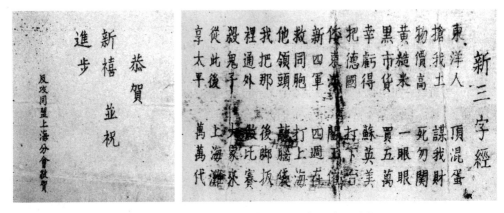

图4-7　宣传抗日救亡的贺年片和抗日《新三字经》

抗日的刊物。

《真理》是中共江苏省委于1937年12月创办的党内秘密刊物,沙文汉任主编。目的是加强党员的政治形势、理论知识和党的方针政策的学习和交流,从而提高党的质量,健全党内生活,推动党的任务的贯彻执行。

进入1938年,为落实"红五月发展党员一倍"的决定,上海地下党组织开展了一系列斗争。7月,中共江苏省委在《真理》上发出《为争取八月底完成发展党员计划而斗争》的指示,强调:"没有强大的党,没有几万个党员散布在上海群众中,我们就不能在这300万的上海民众中巩固党领导,就不能把大多数的群众组织起来,成为一支强有力的军队来摧毁日寇在上海的统治。"

国民革命军新编第四军(简称新四军),是由抗战期间共产党领导的南方游击队改编而成的一支抗日武装力量。中共江苏省委当时领导上海人民对新四军在人力和物力上给予了大力的支持。

中共江苏省委在《朋友》杂志上刊登了新四军叶挺、项英对上海工协的慰劳和大力支援表示感谢的感谢信。慰问团到达新四军军部后与新四军领导人进行了合影,战地服务团去皖南新四军驻地途经温州时也一起合影(见图4-8)。上海人民还捐赠汽车给新四军,青年积极参加新四军。

日本侵略军占领上海后,将上海作为其军事工业的生产基地。中共江苏省委接受中共中央关于城市工作的指示,把领导工人破坏与拖延敌人的军工生产作为主要斗争手段。在对敌斗争中,讲究策略,运用灵活的方式,把破坏敌人的军工生产同经济斗争相结合。在抗日根据地延安出版的《解放日报》上刊登了上海工人对敌开展斗争的报道。

图 4-8　上海慰问团和新四军领导人合影

　　红色商行"协鑫号"负责人陆铁华早年受中共党员吴雪之影响,阅读了许多进步书籍,还护送了革命青年和新四军干部去根据地。后于 1940 年受中共之托,至上海筹组协鑫号,为上海地下党提供活动经费,为新四军筹措和输送军需物资。吴雪之任协鑫号总经理兼党支部书记,陆铁华任副总经理。皖南事变后,为支持陈毅、谭震林等重建新四军,陆铁华在娄塘等地采购大量纱布运往苏北根据地。1941 年,他协助项克方建立协鑫号南京办事处。1941 年 3 月,由刘晓介绍加入中国共产党。同年协鑫号扩充为协泰行,陆铁华任副经理。协鑫号南翔分号改称协泰行南翔分行。

　　周利平: 感谢郎老师带我们感受党在抗日战争时期的峥嵘岁月。在抗日战争中,中共上海地下党组织领导上海人民在复杂严酷的政治环境中开展了广泛的抗日救亡运动。他们遵照党中央的正确领导,执行党的 16 字方针[①];支援新四军,开展武装斗争;高举抗日大旗,广泛发动群众,开展统一战线;敌后抗日斗争取得了辉煌的战绩和丰硕的战果,为抗日战争的胜利做出卓越的贡献,从胜利走向胜利。

────────────

① 即"隐蔽精干、积蓄力量、长期埋伏、以待时机"。

1945 年 8 月 15 日,日本宣布无条件投降。上海人民在南京路上欢庆抗战胜利(见图 4-9)。

与抗日民族解放战争的历史进程相适应,中国共产党在政治上、政策策略上逐步走向成熟。这是党能够在重要历史关头领导上海抗战并争取胜利的重要因素。

我们一路参观过来,身临其境地畅游在上海抗日救亡运动的历史长河中。展馆内部设计如何做到这一点的,有哪些设计理念和建筑特点呢? 有请杨帆老师为我们做进一步介绍。

(二) 场馆的内部建筑设计

杨帆: 在参观路线的设计上,除了把握住时间轴之外,整个展馆在设计上

图 4-9　南京路上欢庆抗战胜利的场景

充分利用了自身的建筑特点。根据建筑特点,在一些地方通过小的"转折"和空间分隔,巧妙地控制了参观节奏、延伸了参观路线,使参观者既不会感到平铺直叙的无趣,也不会感到小空间的局促;相反,很多参观者参观完毕,仍然意犹未尽。

通过多角度、全方位的展示,让整个展馆在视觉效果的呈现上十分惊艳。通过体验式的空间设计,参观者能够真实全面地了解历史、认识历史、记住历史。在整个设计中,展馆设计人员很好地将客观空间、展品和观众有机地结合起来,在注重建筑保护、展品陈列、历史回放的同时,把展馆中参观者的体验性和参与性进行提升,增强了空间的感染力和表现力。

建筑是一座城市的历史见证,优秀的历史文化建筑更是一座城市发展变化的见证。优秀历史建筑不仅是一座城市的财富,更是一个民族、一个国家的财富。保护好每一幢历史建筑,既不过度开发,也不简单"珍藏",合理地再利用,让它们焕发出勃勃生机,在历史的长河中流光溢彩,永久存续,成为我们对城市永不磨灭的历史记忆。

周利平: 正如杨老师所说,建筑往往承载着历史记忆,蕴藏着民族精神,是民族崛起的伟大动力。2021 年 3 月 11 日,这幢建筑入选上海市第一批革命文物名录。

抗日战争胜利后,中国共产党已成为上海一支不可忽视的重要政治、军事力量,党的阶级基础、群众基础和政治影响力不断扩大。饱经战乱之苦的全国人民热烈地期盼着和平的到来,但迎来的却是国民党反动派破坏和平准备内战的危险局势。中国社会处在"向何处去"的重大转折关口。

1946—1949 年,中共中央上海局副书记刘长胜居住在这幢建筑中,与中共中央上海局书记刘晓经常在此会面,领导中共上海地下组织的斗争工作。

2014 年改版后的刘长胜故居展线清晰,凸显了这里作为党的地下组织"里应外合解放上海"的指挥中心所发挥的重要作用。有请郎馆长为我们介绍,面对新局面,身处"十里洋场"的中共上海地下党组织又面临怎样的使命与挑战呢?

(三) 中共上海地下党组织与上海解放:里应外合解放上海

1. 争取和平反对内战

郎晴: 抗日战争胜利后,全国人民欢欣鼓舞,并希望有一个和平、民主、团结的新局面,建设一个统一、独立、自由、富强的新中国。可是,国民党政权无视人民的要求,不顾国家民族的利益,坚持独裁,发动内战。中共上海地方组织遵照中共中央《关于目前的形势和任务的指示》:"各地在党内外,特别在各大城市,分别进行适当的广大的宣传,举行庆祝大会,发出庆贺通电,要求政府立即实行决议;而在我们自己方面,则准备为坚决实现这些决议而奋斗。"[1]放手发动群众,壮大人民力量,组成了最广泛的爱国民主统一战线,不断掀起波澜壮阔的革命运动,同反动统治者进行一次次的斗争。

按照系统划分,中国共产党上海地下组织分成中共上海工人运动委员会、中共上海职员运动委员会、中共上海学生运动委员会、中共上海教育界运动委员会、中共上海文化界运动委员会及中共警察特别支部 6 个方面。上海市委十分重视建立群众团体,从 1945 年 8 月到 1946 年 8 月,上海成立了 153 个产业工会、27 个职业工会,共有会员近 30 万人。

1945 年 8 月 28 日,毛泽东应蒋介石之邀,在周恩来、王若飞的陪同下来到重庆,与国民政府谈判,国共两党经过 43 天艰难谈判,于 10 月 10 日签订了《双十协定》。但是蒋介石不顾全国人民要求和平的呼声,在美帝国主义的支持下,撕毁协定,悍然发动内战。

中共上海地方组织在抗战胜利后,对舆论工作十分重视。1945 年 8 月 15 日办起了《新生活报》(后改名为《时代日报》),该报创刊号登载了中共中央主席毛泽东的

① 中共中央文献研究室,中央档案馆.建党以来重要文献选编(1921~1949)第二十三册[M].北京:中央文献出版社,2011:104.

照片。而后，一大批民主刊物先后问世。其中，《文萃》《民主》《周报》在上海乃至全国许多地方都有很大影响。《文萃》在当时成了"唤起民众，组织民众的一面旗帜"。

　　1945年9月27日，国民政府教育部颁布《收复区中等以上学校学生甄审办法》，激起了广大学生的强烈不满，纷纷进行请愿示威活动。上海交通大学等6校学生编辑发行了《因荒废学业而请愿》特刊。上海文艺界（戏剧、电影）为和平、民主经常集会。1946年2月18日，上海文化界协会举行抗战胜利后第一次春节大联欢会。

　　1946年4月，国民党军队向东北解放区大举进攻，内战一触即发。中共中央要求上海市委发动群众反对内战。上海市委于5月5日组织各界社会团体召开会议，成立了全市性群众组织"上海市人民团体联合会"，呼吁立即停止内战。上海各产业工会致电蒋介石要求停止内战。1946年中共地下党员马飞海等三人翻译了美国记者撰写的《红色中国的挑战》一书，该书叙述中国共产党为争取和平、民主的事实。

　　由于国民政府不顾人民反对，坚持发动内战。为此，上海市委组建了以民主进步人士马叙伦等9人为代表的和平请愿团赴南京请愿，要求停止内战。与此同时，于6月23日组织各界群众5万余人从四面八方游行至火车站，欢送请愿代表（见图4-10）。代表团到达南京下关火车站时遭国民党特务殴打，酿成"下关惨案"。

图4-10　上海各界人士聚集在火车站欢送赴南京的请愿代表

1947年初,国民党统治下的上海,通货急剧膨胀,当局下令冻结职工生活费指数①。为此,上海各行业职工在上海市委领导下开展游行,要求解冻生活费指数,取得胜利。

1947年3月,中国共产党在国民党统治区组织形成了由各阶层人士和广大群众参与的、规模空前的反对国民党统治的统一战线,即"第二条战线"。开辟第二条战线是通过解决人民群众的吃饭问题与生存问题发展起来的。

1947年5月4日,上海人民开展纪念五四运动活动,向国民政府请愿的学生要求停止内战。1947年5月,上海交通大学的学生为教育局克扣教育经费,停办航运、轮机两系和更改校名,在真如车站与教育局局长谈判,提出要去南京向政府请愿。上海当局命令铁路局不许开火车,学生们就自己跳上火车,要自行开火车去南京。教育局局长眼看局势无法控制,于是妥协,学生们取得了谈判胜利。

1947年5月6日,中共中央通知将1947年1月成立的中共上海中央分局改为中共上海中央局,刘晓、刘长胜、钱瑛、张明(刘少文)四人为委员,刘晓任书记,刘长胜任副书记。刘长胜故居又成为上海局的秘密机关旧址之一。

为反对国民党统治,中共上海局决定举行一次以"反饥饿、反内战"为总口号的声势浩大的学生运动。1947年5月20日,南京、上海、苏州、杭州等地6 000余名学生汇集南京,高呼"反饥饿、反内战"等口号,向国民党参政会行进时,遭当局残酷镇压,120多人受伤,28人被捕。这就是震惊中外的"五二〇惨案"。

1947年7月23日的一份《学生报》记载了《摧残青年险恶阴谋 各校大批开除学生——连遭警告者竟达千人》《反对解聘、反对开除》等文章。

1948年1月,申新九厂工人要求厂方改善工作条件,遭无理拒绝。全厂7 000多工人罢工,当局派军警镇压,酿成"申九"惨案。其间,上海市委组织力量支持、声援申新九厂工人。

2. 里应外合解放上海

进入1949年的上海,经济陷入危机,国民党当局进一步迫害进步力量。中共中央上海局为推翻反动统治,制定了新的斗争原则,即斗争性质共同化、斗争方式多样化、斗争口号个性化、斗争目标统一化。此起彼伏的斗争,为迎接上海解放奠定了思想和组织的基础。

1949年元旦,新华社发表了中共中央主席毛泽东撰写的新年献词——《将革命

---

① 职工生活费指数是反映不同时期职工生活水平变动程度的相对数,一般根据职工日常生活中商品或非商品支出进行编制,可用以观察市场物价水平的变动对职工生活费支出影响程度,计算职工货币收入扣除物价因素后的实际变动情况。

进行到底》。文章开门见山地指出："中国人民将要在伟大的解放战争中获得最后胜利,这一点,现在甚至我们的敌人也不怀疑了。"①

在迎接上海解放的日子里,中共中央上海局将向解放军提供情报的工作进行了专门布置。经周密、细致地收集,许多情报送到解放军部队,为解放上海创造了有利条件。

1949年2月,上海市委为广泛发动群众迎接解放,恢复和建立了上海人民团体联合会和党的秘密外围团体——上海工人协会、上海市职业界协会、上海市教育协会等。这些外围团体建立后,都成立了相应的党团组织。全市8 000多名地下党员和近10万的外围团体群众成立了护厂队、护校队、纠察队等,形成了一支保护城市、迎接解放的强大力量。

"丰记米号"位于福煦路(今延安中路)916号,是上海地下市委的秘密联络点之一,董事长是张承宗,总经理是张困斋(见图4-11)。

图4-11 "丰记米号"内景

当时,它承担了重要的情报中转工作,中央的指示通过秘密电台到达上海,由电台负责人将情报带到米店,市委领导下的学委、工委、职委等负责人再到米店开会、学习,将指示传达并付诸执行。张承宗的儿子张亚生当年只是个中学生,就为党组

---

① 中共中央文献研究室,中央档案馆.建党以来重要文献选编(1921~1949)第二十五册[M].北京:中央文献出版社,2011:773.

织转送情报了。当年地下市委的刘长胜、张承宗等经常在此开会。

　　看一下黑板上面的一些物价，比如大米在当时要 480 元一石，可见通货膨胀带来的严重后果。再请看门边的这辆老虎车，它的摆放可是很有讲究的，现在是正放，表明一切正常；如果是倒放，则说明店内已出情况，同志们此时万不可进店。

　　有时候，张困斋利用围棋作为从事革命斗争时的"秘密武器"。许多与敌人周旋的好点子便是在对弈时产生，而下围棋便成为掩护地下活动的好办法。

　　1949 年 4 月，上海即将解放。上海市委将全市各系统的护厂队、护校队、纠察队等集中起来，建立统一的以工人为主体的武装组织——人民保安队和以学生为主体的人民宣传队。

　　上海解放后，解放军赠给中纺十六厂护厂工人的绸布锦旗上面写着"护厂英雄"几个大字，以鼓励和赞扬在 1949 年上海解放前夕，在上海地下党组织的秘密领导下中纺十六厂工人积极开展的护厂斗争。

　　1949 年 4 月 8 日，中共中央上海局指出，抓住人民空前高涨的革命情绪，不断扩大敌人的失败情绪，完成里应外合、解放上海和接管工作。当前首要任务是保护工厂、机器，防止敌人破坏、迁移、盗窃。江南造船所工人为防止敌人破坏，放水把船坞淹没。

　　图 4-12 为海关总税务司在中共上海地下组织领导下保存下来的流星号巡舰。

图 4-12　"流星号"巡舰

1949 年 2 月 25 日,巡洋舰"重庆号"在中共中央上海局策反工作委员会的指导下,全体官兵举行起义。1949 年 3 月,海关总税务司署海务科的一支船队在上海地下党组织的秘密领导下,开展护船斗争,粉碎了国民政府企图把船只、档案、武器、黄金等劫往台湾的阴谋,使船队完整地回到人民手中。1949 年 4 月 13 日,在中共中央上海局策反工作委员会指导下,驻上海的蒋介石嫡系部队伞兵三团,在乘登陆艇开赴福州途中起义,北上连云港,受到热烈欢迎。

为做好上海的接管工作,中共上海地下组织耐心细致地挽留国民政府进步官员和科技、文教、工商界的爱国知识分子,劝说他们留在上海,为新上海建设做贡献。经中共地下党员的引导,时任国民政府上海市代理市长赵祖康弃暗投明,为解放上海和接管上海做了许多有益工作。此外,一大批工商界头面人物与文教界著名知识分子都留在上海。

图 4-13 展示的是中共上海地方组织给地下党员赵亦农的"应变费"。1949 年5 月,因考虑到要拿下上海可能要打持久战,中共上海地方组织给了赵亦农 6 枚银圆,作为接下来一段时间的生活费。没想到,解放上海的战役只用了 16 天,当年赵只用了 2 枚银圆。后来,他一直将这 4 枚银圆作为纪念保留着;直到上海解放 60 周年,他将这 4 枚银圆捐赠出来。

图 4-13　赵亦农提供银圆 4 枚(直径 40 毫米)

解放上海的战役经历了 16 天,但全市水、电、煤、电话没有中断,交通基本正常,工厂、学校、商店秩序井然。中共上海地方组织密切配合解放军,使这座大都市得以完整地保存下来。

1949 年 5 月 27 日上海全市解放。上海人民热烈欢迎解放军。正如一位参加解放上海的部队首长所说,打上海,打得快,打得好,很重要的一条,就是有中共地下党员在里面配合得好。上海以几万人为内应,里应外合取得胜利的战例在古今中外兵书上是找不到的。

1949 年 5 月 28 日,上海市人民政府宣告成立。上海地下党组织与接管上海的干部会师,成立新的上海市委。中共中央华东局部分领导成员同时担任中共上海市委领导职务,并一度使用过中共中央华东局暨上海市委员会名称。

1949 年 5 月 30 日,中共中央电贺上海解放。电文指出:"上海是一个世界性的城市,所以上海的解放不但是中国人民的胜利,而且是国际和平民主阵营的世界性的胜利。"[①]

1950 年 1 月,中共中央决定将华东局与上海市委领导机构分开,上海市委设立至今。

中国共产党在解放上海这座大都市前夕提出,一定要保护好城市。要达到这个目标,其难度犹如"瓷器店里打老鼠"。但在中国人民解放军和中国共产党上海地方组织密切配合下,奇迹出现了——上海解放后,工商业正常运转,市民生活井然有序。这段历史有力地证明:只有中国共产党才能领导中国人民取得民族独立、人民解放的胜利。

周利平:谢谢郎馆长的精彩讲解。解放战争期间,中共上海地下党组织领导上海人民,完成了从反对内战、维护和平、争取民主、开辟配合人民解放战争的第二条战线,到里应外合上海解放的一段传奇经历。

解放上海是中国革命胜利成果的重要内容,接管上海是顺利实现党的工作重心从农村转向城市的关键节点。中共上海地下组织从党中央"完整保存上海"的全局出发,把解放与接管一体考虑;开展形势、政策教育,发展党员和调整组织,迎接上海解放与接管;积极开展策反工作,调查搜集情报资料;广泛开展反搬迁、反破坏、护厂、护校斗争,还通过各种方式,争取和团结了一大批爱国民主人士,其中不乏有影响力的工商业家、文化科技界的著名人士和专家。积极做好民族资产阶级的统战工作,为配合人民解放军解放和接管这座"全国最大的工业城市"提供了可靠的组织保证,粉碎了国民党反动派的焦土政策。

从解放到接管上海的过程中,基本上做到了工厂不停工、商店不停市、学校不停课,始终保持着城市的电力、电话、煤气、自来水、公共交通的畅通。拥有 5 万支枪、驻守在坚固大楼里的警察,只是挂出白旗,未向解放军打过一枪。被毛泽东称为"第二战线"的中共上海地下党,在黎明前的黑暗中,冒着生命危险,忍着失去战友的悲痛,将一座城市完整地送回到人民手中,创造了中国乃至世界革命史上的奇迹。

---

① 中共中央文献研究室,中央档案馆.建党以来重要文献选编(1921~1949)第二十五册[M].北京:中央文献出版社,2011:426.

有一个问题请大家边参观边思考：展馆的鲜明主题和体验式布局让我们感受深刻，展馆设计的理念和技术有什么特色？让我们继续听听杨帆老师的讲解。

3. 展馆内部设计理念

杨帆：随着社会的发展和科技的进步，展馆建筑空间不再仅仅是简单的主题功能性演绎，越来越多的展馆将参观者的体验放在重要位置。在传统的展馆空间设计中，大多采用展柜、展板和展品结合的固定模式，让空间的感染力和参观者的积极性大大下降。基于这样的一种情况，越来越多的展馆在设计的时候，不再简单地把展品作为展示中心和设计中心，而是把参观者在空间使用过程中的感受放在中心位置，这也为我们的展馆设计指明了方向。在刘长胜故居的展示设计中，我们就可以清晰地感受到这点。当我们进入展馆当中，就会立刻感受到当年战争的惨烈和无数革命英烈为了胜利不惜抛头颅洒热血的英勇气概。在整个展馆的陈设布置上，在主题十分明确的前提下，不是简单地将故居的大量信息堆砌在参观者的面前，强迫受众接受既定主题，而是把参观者的感受和体验放在首位，在互动式的交流中让参观者主动接受和思考。

在二楼和三楼的展示手法上，既有静态实物的陈设，又有影视动态的呈现；既有文献档案的表述，又有当年场景的再现；既有严肃沉重的氛围营造，又有充满乐趣的互动答题。年龄不同、知识结构不同等因素会导致参观者对主题理解产生差异，但现在故居以参观者为主体本位的展示方式，虽然让参观者领悟的侧重点不同，对于主题的感悟却相同。

（四）大力弘扬革命精神，奋进新时代

周利平：今天，两位专家带领我们穿越时空，在繁华的静安寺愚园路上，徜徉于这幢非同寻常的洋房中，追寻着一段段弥足珍贵的历史足迹。走进当时上海工人运动和地下党的杰出领导人刘长胜的故居，走近革命先辈们的地下斗争生活，还原地下党人斗智斗勇的英雄事迹。聆听他们惊心动魄的潜伏故事，从中感受中国革命之艰难，智慧之光芒，真理之甘甜，信仰之坚定。正如陈毅所说："遗爱般般在，勿忘缔造难。"

这幢建筑背后的故事展现了中国共产党人用生命和智慧书写的上海革命历史和伟大革命精神。这些地下斗争英雄们的红色事迹和红色精神，值得我们永远铭记，世世代代地继承和弘扬。

1. 历史证明：中国共产党的领导是上海人民进行革命斗争的坚强核心，是中国革命的根本保证

面对复杂多变的革命局势，中共上海地下党组织坚决贯彻执行党中央的"十六

字方针"，确立了正确的路线，探索出了成熟、稳健的工作方式，坚持群众路线，取得了上海革命的胜利，彰显了上海党组织坚强有力的领导和卓有成效的工作。中国共产党的领导是历史和人民的正确选择，是中国革命胜利的根本保障。

2. 讲好革命故事，缅怀革命先烈

建筑承载着历史记忆。这幢建筑中呈现的展品都记录着革命英雄故事：刘长胜的情报传奇故事；张困斋牺牲在黎明前的黑暗中的故事；张承宗为了革命大局牺牲家人，领导护厂、护校、护店工作，策反淞沪警备司令部警备大队等地下党人的智慧斗争和英雄事迹……我们佩服他们的勇敢和机智、坚毅和灵动，也震撼于他们的忠诚不屈、不怕牺牲，痛恨于反动派的残忍狠辣、祸害人民。但我们更要讲好革命英烈的革命事迹，向我们身边人、时代新人、全世界人民理直气壮地、真实生动地讲好红色故事，传承红色基因，弘扬红色精神。

张困斋牺牲在上海解放的黎明之前的故事是这样的：张困斋曾出任中共地下党上海秘密机关"丰记米号"经理，其店员也都是中共地下党员。1949 年 3 月 17 日深夜，秦鸿钧寓所的秘密电台被国民党特务测出，逮捕了来不及撤离的报务员秦鸿钧。19 日下午，张困斋按约定的时间到达秦宅时，尽管警觉的他未进门，但还是遭到预先埋伏在周围的国民党特务的逮捕。张承宗为了不暴露上海地下武装力量而影响上海的顺利解放，思考了一夜后，忍痛做出决定——放弃营救弟弟张困斋。在狱中，敌人对张困斋、秦鸿钧施尽酷刑，老虎凳、辣椒水、拔指甲……无所不用其极，但都撬不开两人之口。5 月 7 日，张困斋、秦鸿钧、李白等 12 人被押往浦东戚家庙，惨遭枪杀，壮烈牺牲。上海解放后，根据群众听到的枪声时间和方向，在众多受难者中，只能依据张困斋母亲为其在裤子里的绣字辨认出其身份。他牺牲时年仅 35 岁，离上海解放仅仅还有 20 天，终生践行了"为了人民的解放，为了共产主义在中国的实现，愿牺牲自己的一切，包括生命"的誓言。

郎馆长向我们现场展示了两组秘密联络暗号。第一组暗号：在柜台上放一把老上海的天竺筷（竹筷）和一双鞋垫。第二组暗号：在柜台上放一盏老上海的老式煤油灯，但灯里面没有油，灯周围散落着几个线团，紧紧地将其围住。这两个暗号是什么意思呢？请大家猜一猜，然后对照本章答案提示，看看您猜对了吗。

3. 传承红色基因，弘扬红色精神

中国共产党的历史是红色教育最好的营养剂，我们要永远从党史中汲取智慧和力量。我们看到了刘长胜等同志的珍贵遗物、逼真的"四一二"反革命政变"76 号魔窟水牢"微型场景，认识了"荣泰烟号""丰记米号"等看似貌不惊人的地下党机关秘

密联络点，重温了中共上海地下党人出色的伪装隐藏、深度潜伏、内部策反、边缘作战、以身殉国等革命英雄事迹。烈士的遗言、遗物和革命事迹生动再现了他们始终坚定必胜的革命信念，满怀为民族独立和人民解放的革命理想，彰显了睿智、勇敢的革命智慧，使上海抗战走向胜利，使上海解放实现了"瓷器店里打老鼠"的愿望，创造了兵不血刃的奇迹；从中彰显了中共上海党组织怀揣光明、面向黑暗，艰苦奋斗、勇敢机智，追求真理、视死如归，不屈不挠的大无畏革命精神，这是中国共产党人红色基因和精神谱系的重要部分。要保证革命先辈们用鲜血和生命铸就的红色精神代代相传、党的事业血脉永续，我们必须传承红色基因，大力弘扬伟大革命精神。

4. 在党的领导下，开启全面建设社会主义现代化国家的新征程

上海地下党斗争是中国革命的重要组成部分，见证了党发展壮大、逐步走向成熟的历程，也是党的领导优势的历史见证。在新时代全面建设社会主义现代化国家的征程中，面对错综复杂的国际形势和艰巨繁重的改革发展任务，我们要在坚持和加强党的全面领导下继续前行，坚定社会主义现代化国家建设的正确方向，凝聚奋进伟力，为实现中华民族伟大复兴而努力奋斗。

三、拓展阅读：我的父母奉命掩护中共上海局[①]

1942年，爸爸第二次去苏北根据地。不到一年，组织上要求我的父母利用在上海的身份与社会关系，做中共地下机关和电台的掩护工作。就这样，他们被派回了上海。

1945年秋，他们奉上级命令，以我妈妈的名义顶下了江苏路永乐邨21号作为王寓，户主是王辛南。进化药厂是一个社会性掩护场所，实则是中共上海局机关核心所在地。

王寓为永乐邨弄堂底的单开间带家具的三层楼房，每间房间都不大而且不规整。此前住着的是一对台湾籍夫妇。他们留下了一套东洋式家具。1947年后，我们一家搬到永乐邨二层，张执一全家住在三层。底层分前后两进，分别是客堂和饭厅，是两家老小一起吃饭的地方。刘长胜指示我父母负责在这里掩护张执一全家，不仅要保证这里作为高层领导开会谈工作的机密场所，而且两家人日常生活采买或保甲长等有事找上门来，一概要我妈妈出面应付。

① 资料来源：方虹.我的父母奉命掩护中共上海局[N].新民晚报,2017-02-06.

在这里的掩护方式和在愚谷邨相仿，只是更加严密、谨慎。连同房子一同顶下来的两个佣人尽管在这里一起生活多年，与两家老少密切相处，对房主人从事何种工作却一无所知。直到上海解放，看到住在这里的先生、小姐、太太都穿上了解放军军装，他们惊得目瞪口呆。常来这里开会的中共中央上海局领导有刘晓、钱瑛、刘少文、张承宗等。1946年4月，冯文彬由延安来上海，在这里住了约3个月。他走后不久，钱瑛从中共南京办事处调上海工作。组织上派爸爸把她接到这里住了约一个月。

1947年夏，国民党上海市政府宣布要进行全市户口大检查，规定各户在轮到检查时，居民必须在家守候，并要以照片核对。这个针对中共地下组织的清查计划，无疑对永乐邨构成巨大威胁。刘晓、刘长胜、张执一和张承宗在永乐邨开会研究如何应对，最后决定暂时转移去杭州以保安全。于是，假托有几位上海资本家要去杭州名刹做佛事，请佛教界著名居士赵朴初备函，介绍由我爸爸陪同前往杭州，拜访净慈寺方丈面洽此事。前事办妥后，刘、张和我爸爸一行五人分头到达杭州净慈寺。方丈得知五位是来大做佛事（打水陆）的，分外殷勤，安排他们住在非常幽静的深院独立小屋内，每餐品尝该寺著名素菜。他们与方丈洽谈佛事事宜后，说是要在这里小住几天后再回去。时值天气炎热，以白天不宜外出，至晚间才能游湖赏月为由，刘和张等四人白天都在室内佯作打牌消遣，实为开会议事，我爸爸则带着6岁的张纪生（张执一之长女）在院子里玩耍，观察动静。一行人在寺内住了约一个星期，得到我妈妈从上海送来的信，知道上海的全市户口大检查已经过去，大家才分头返沪。

1949年5月27日上海解放后，我们两家先后搬离永乐邨王寓。我舅舅一家在这座房子里又住了一段时间，1950年依照刘长胜的指示，将此宅移交给上海总工会。当时刘长胜给我爸爸写了一个便条，内容如下：

> 方行同志：请你写一介绍信给你的亲戚（关于江苏路愚园路的一座房子），言明由上海总工会丁盛雅同志去接洽。请将此介绍信直接交王玉昆同志。

1981年左右，经历了"文化大革命"的张执一从北京来上海。他特意到我上班的地方接我，要我带他去永乐邨看看。当时那条弄堂还在，还是原来的样子。在那扇熟悉的弯花造型铁门外，我们驻足良久，才依依不舍地离去。

现在，永乐邨的弄堂已经消失，弄口的水果摊、菜场和南货店也在江苏路拓宽工程中成为记忆。所幸的是，这幢挤压在一群高楼大厦之间的矮小的21号小楼被保存了下来。2003年春天,上海文物管理委员会把我家20世纪50年代初离开永乐邨时带出来的尚存老家具又搬了回去,部分地尽可能重新恢复旧貌,将这里作为一个历史的记忆——解放战争时期中共中央上海局机关遗址,加以永久保护并对社会开放。转眼很多年过去了,曾经出入于此的人大都已经离开了这个世界。为了纪念这段历史特写下本文,同时怀念我的父亲和母亲。

参考文献

[1] 上海市委党史研究室,上海地下组织斗争史陈列馆.解放战争时期第二条战线中的上海史料[M].上海:上海社会科学院出版社,2017.
[2] 侗枫.藏剑露锋——上海地下党斗争风云[M].上海:上海人民出版社,2007.
[3] 李雷.1946—1950国共生死决战全纪录:解放大上海[M].北京:长城出版社,2011.
[4] 朱华,王小莉,杨成龙,等.获得权威:上海地下党群众工作的历史经验与启示[M].上海:上海人民出版社,2009.
[5] 吕勤智.历史建筑保护与再利用[M].北京:建筑工业出版社,2013.
[6] 李婷.中共早期中央机关驻守上海12年[J].新华月报,2016(12).
[7] 陆亮.浅谈互动空间设计在博物馆展示空间中的应用[J].科学时代,2013(4).
[8] 张荣.保护性建筑物的修缮——刘长胜故居[J].住宅科技,2004(8).
[9] 郑华奇,蓝戊己.刘长胜故居整体平移工程的设计与施工[J].建筑技术,2003(6).
[10] 王志阳.博物馆设计中的空间体验营造[J].美与时代,2016(12).

附:联络暗号答案

第一个暗号:竹筷和鞋底。寓意:快(筷)走、快(筷)跑。
第二个暗号:没有油的煤油灯周围散落着线团。寓意:没(煤)有(油)危险(线)。

第五讲　镌刻在龙华烈士陵园的英烈史诗

在党领导民主革命的全部历史中,上海龙华烈士陵园(简称龙陵)是革命志士与反动势力斗争的特殊战场。这里被誉为"中国第一红色陵园"。与其他烈士陵园相比,龙陵具有许多鲜明的特点。上海是中国共产党的诞生地,党领导中国革命是从这里起步的,上海又是民主革命时期中共中央长期驻扎地,反动派的第一个白色恐怖就是在上海制造的。上海不仅是近代中国资产阶级革命的中心,也是当时经济中心、文化中心,所以烈士成分复杂多样。龙华,铭刻了众多革命先驱在上海发生的英雄事迹,彰显了上海这座英雄城市的光辉品格,成为中国革命艰难曲折、前赴后继的重要见证。

本讲问题

1. 中国共产党为什么会诞生在上海? 中共中央为何长期驻扎上海?

2. 为什么说上海龙华烈士陵园被誉为"中国第一红色陵园"?

3. 结合龙华英烈的英雄事迹,分析中国共产党人具备哪些优秀品质。

4. 中国共产党为什么能带领中国人民取得新民主主义革命的伟大胜利?

一、龙华烈士陵园的建筑特色

课程导入

窦葳(上海城建职业学院马克思主义学院讲师):习近平总书记指出,一个有希望的民族不能没有英雄,一个有前途的国家不能没有先锋。中国共产党成立后,为了初心和使命而英勇牺牲的著名革命先驱很多,其中绝大多数集中在龙华烈士陵园。今天将带领大家进入龙华烈士陵园,一起了解英烈故事,领略英烈风采,弘扬英烈精神,回望英烈初心。

首先欢迎今天的两位主讲专家:上海市龙华烈士陵园原主任、上海市龙华烈士纪念馆原馆长薛峰老师;上海城建职业学院建筑与环境艺术学院的孙丹老师。两位专家将从各自的专业视角分别向我们讲述镌刻在龙华烈士陵园里的英烈史诗,以及英烈们伟大的革命斗争精神与牺牲奉献精神。

　　龙华烈士陵园是在原国民党淞沪警备司令部旧址基础上建成的(见图5-1),这里曾经是关押、戕害了无数共产党人和革命群众的人间炼狱。如今,我们站在英烈们英勇就义的地方,一起缅怀英烈,感怀英烈。通过对英烈革命事迹的学习,将革命信仰、斗争精神和奉献精神代代相传。首先请孙丹老师为大家介绍龙华烈士陵园的历史沿革及其规划特点。

图5-1　原国民党淞沪警备司令部旧照

(一) 龙华烈士陵园的历史沿革、规划特点

　　孙丹(上海城建职业学院建筑与环境艺术学院教师):龙华烈士陵园,东临名刹龙华古寺,和龙华古塔隔路相望。其前身为血华园,始建于1928年,这里原为国民党淞沪警备司令部旧址和龙华革命烈士就义地,罗亦农、彭湃、陈延年、陈乔年、赵世炎、

李求实、柔石、殷夫、胡也频、冯铿等革命志士就义于此。1952年5月1日对外开放,改名龙华公园。1963年,中共上海市委计划重建龙华公园,在原龙华公园的基础上征地、围墙、绿化,在公园入口处矗立"红岩石"。1993年10月,国务院批示,批准上海市烈士陵园迁入龙华烈士陵园一并建设,建成的上海市龙华烈士陵园为全国重点烈士纪念建筑物保护单位。1995年7月1日龙华烈士陵园对社会开放。龙华烈士陵园是一座集纪念、瞻仰、旅游、文化、园林名胜于一体的新颖陵园,素有"上海雨花台"之称。

龙华烈士陵园占地285亩(0.19平方千米),建有纪念区、瞻仰区、碑苑、遗址、烈士墓、就义地、青少年教育活动区和休憩区等区域。每一区域都由不同的建筑群构成。人们在瞻仰、缅怀英烈的同时,又沉浸在文化和艺术的氛围中。陵园建筑的艺术特点是主题、主轴线、主体建筑的融合,以及"过去""现在""未来"的交替呈现。整个园区的规划以南北主轴线和东西辅轴线展开。

从一号门进入,红岩石、园名牌楼、入口广场、纪念广场、纪念碑、纪念馆、无名烈士墓地一系列空间井然有序地坐落在陵园的南北主轴线上。入口处的红岩石,以其特定的思想意蕴点出了陵园的人文主题(见图5-2)。园名牌楼"龙华烈士陵园"六

图5-2 龙华烈士陵园红岩石

个金色大字,由邓小平同志题写。过了园名牌楼,是香樟林广场,接着广场往前是一条又长又直的雨道;纪念桥之后,雨道往两边加宽,暗喻革命道路越走越宽。纪念广场是陵园的中心地带,纪念广场是一个三级平台,一层一层地向两侧延伸。第一、二级平台是中心广场,地面铺有红白相间的花岗岩。在第三级广场正中,十分醒目的是一座用红色花岗石筑成的纪念碑。碑的正面是江泽民同志题写的"丹心碧血为人民"七个镏金大字。在纪念碑后面是烈士纪念馆。纪念馆是整个陵园的主体建筑。从纪念馆出来是无名烈士墓。

从二号门进入陵园的东西向辅轴线,经过入口、广场和南北主轴线交会在纪念碑,最后进入碑林遗址。碑林遗址包含两座碑亭、两座碑墙和大型梯形式花坛。在碑林的入口处,有大型烈士群雕,名为"且为忠魂舞"。两座方形碑亭,攒尖顶,全部都用白水泥建造。每座亭子的中央都立着一根四面有碑刻的碑柱。两座对称式的大型碑墙长50余米,一面墙上刻的是鲁迅的《为了忘却的记念》,另一面墙上刻的是29篇自1927年以来在上海牺牲及曾关押于龙华的烈士的诗文。

烈士墓区在整体规划的西南角,由烈士纪念堂、烈士墓、无名烈士墓地组成。烈士墓分成东西两区,中间用14米宽的通道和花坛隔开。就义地及地下通道位于陵园东北隅,南衔遗址碑林区,西临纪念瞻仰区。

让我们环顾四周,一起来了解一下龙华烈士陵园的绿化设计。南北主轴线甬道两侧密植高大龙柏,圆柱形树冠绵延成两道绿墙,给人庄严、肃穆的感觉。外面两侧是两排四季常青的雪松和叶色鲜红的枫树,下层地被种植杜鹃花。体现出整个陵园的主体意境。甬道中段两旁对称的大花坛中,满坛鲜花簇拥在烈士纪念碑前。

东西副轴线与南北主轴线垂直交错,成为东西向的林荫干道,两旁以广玉兰为主调树种,配以茶花、八角金盘、八仙花。副轴线东段伸入碑林区全部植竹丛,象征烈士的高尚气节。

窦葳: 感谢孙丹老师的讲解。早在1950年龙华地区挖掘出"龙华二十四烈士"遗骸后,老一辈革命家就萌发了在此建立龙华烈士陵园以告慰先烈的心愿。依国务院批示,龙华烈士陵园建设工程于1994年5月27日开工;1995年4月5日完成土建工程,7月1日对社会开放;纪念馆于1997年5月28日开馆。可以说,龙华烈士陵园既充满中国红色文化底蕴,又蕴含艺术氛围。我们现在来到了龙华烈士陵园的主体建筑——龙华烈士纪念馆前。下面还是有请孙丹老师讲解一下龙华烈士纪念馆(见图5-3)和烈士纪念堂的建筑特点。

图 5-3 龙华烈士纪念馆

(二) 烈士纪念馆和烈士纪念堂的建筑特点

孙丹：龙华烈士纪念馆的造型同金字塔差不多，四层阶梯建筑内墙面外挂红色花岗岩，搭配塔上的天蓝色幕墙玻璃，让中庭显得生机勃勃，庄严、肃穆的氛围中又透出现代气息。

纪念馆分八个陈列厅：① 序厅；② 前言厅；③ 旧民主主义时期厅；④ 新民主主义时期第一厅；⑤ 新民主主义时期第二厅；⑥ 新民主主义革命时期第三厅；⑦ 新民主主义革命时期第四厅；⑧ 社会主义革命时期厅。

烈士纪念堂的造型比较别致，圆形的顶部是斜面几何形体的网架体系，玻璃外墙展露出网架体系，和纪念馆相呼应，透露着现代气息。

此外，纪念馆周围的雕塑陈设也是龙华烈士陵园的设计亮点。在第二层平台两旁，有《独立·民主》《解放·建设》两组主题雕塑。每一组雕塑都是 6.5 米高、12 米长，共 22 个人物，可以四面瞻仰。《独立·民主》群体雕塑的历史背景是近代上海的革命历程，展现的是从鸦片战争到上海解放的情节，赞颂了革命战士们奋不顾身的战斗精神。《解放·建设》群体雕塑体现的是新中国的快速发展。纪念馆后是一座无名烈士巨型雕塑（见图 5-4）。该雕塑是为了纪念百年来在上海这块土地上为国家、民族的独立和解放献出生命却连名字都没留下的千千万万无名烈士而建的,象征着这些无名烈士魂归祖国大地。他们的崇高精神激励后人继续前进。

图 5 - 4　无名烈士巨型雕塑

窦薇:感谢孙丹老师的讲解。步入纪念馆,目及所处为纪念馆的序厅,名为"照亮信仰的殿堂"。各位请看,在我们正前方的这三组雕塑分别象征着"祖国至上""无私奉献""锐意创新"的龙华英烈精神。这三种龙华英烈精神汇聚成了英雄之光,冲破黑暗与压迫,换来了象征幸福生活的漫天桃花与万家灯火。

接下来,有请党史专家薛峰馆长带领我们梳理和探寻蕴藏在龙华英雄圣地的历史真理。

二、龙华烈士纪念馆展陈内容阐述

薛峰(上海市龙华烈士陵园原主任、上海市龙华烈士纪念馆原馆长,现上海中共一大纪念馆党委书记、馆长):龙华烈士陵园先后被评为全国重点文物保护单位、全国重点烈士纪念建筑物保护单位、第一批全国爱国主义教育示范基地以及全国红色旅游经典景区。20世纪90年代初,由上海市委市政府牵头将龙陵作为上海市重点工程进行建设,为此,邓小平题写"龙华烈士陵园"园名(见图5-5),江泽民题写"丹心碧血为人民"碑铭,陈云题写"龙华烈士纪念馆"馆名。龙陵一期工程重点是修建临时烈士纪念碑,修复龙华革命烈士纪念地,整修淞沪警备司令部部分旧址,辟建龙华烈士纪念馆首期陈列(即在龙华牺牲的30余位著名烈士事迹展览),同时修复的还有烈士殉难地及淞沪警备司令部军法处的男女看守所等建筑。1992年7月经过重新规划,中共上海市委决定将上海市烈士陵园迁入龙陵一并建设,启动龙陵续建工程。1997年纪念馆竣工,向全社会开放,基本陈列"丹心碧血为人民——上海革命烈士革命先驱英雄业绩展览"开创当时纪念馆陈展的多项第一。2017年,上海市完成了龙华烈士纪念馆的陈列改造,确定了以"英雄城市孕育英雄、英烈精神激励后人"的陈展主题。焕然一新的"英雄壮歌——上海英烈纪念展"成为上海的一张亮丽的红色名片。

图5-5 龙华烈士陵园名牌楼

目前,龙华烈士陵园陈展的优势,主要涵盖以下三个方面:

一是党史地位重要。龙华烈士陵园是国民革命、土地革命时期著名英烈人物最集中的纪念地,安葬革命先烈1 700多人。纪念馆陈列展示的256位英烈中有98位安葬在龙陵。在全国评选出的100位为新中国成立作出突出贡献的英雄模范人物中,龙华英烈有 20 位之多,他们是彭湃、瞿秋白、赵世炎、邹韬奋、陈延年、恽代英、罗亦农、钱壮飞、蔡和森、李白、江上青、邓中夏、向警予、张太雷、李林、李公朴、李硕勋、杨殷、苏兆征、彭加木。龙华英烈事迹集中彰显了建党初心,是上海红色文化的重要根脉。

二是红色资源丰富。龙华烈士陵园涵盖广场仪式、英烈祭奠、展陈纪念、碑刻文化、遗址体验、舞台演绎、主题拓展、园林景观 8 个功能区域。其中既有烈士墓区、纪念碑广场等纪念场所,也有国民党淞沪警备司令部、龙华监狱、二十四烈士就义地等遗址遗迹,还有大量极具党史研究价值的史料,充分展示了建党初期城市革命斗争的艰难困苦和流血牺牲,展现了共产党人不忘初心、艰苦奋斗、宁死不屈的精神,是"党的诞生地"独一无二的珍贵精神财富。

三是设施完善。龙华烈士陵园占地 285 亩(0.19 平方千米),纪念馆展陈面积约 6 000 平方米,全新陈列的"英雄壮歌——上海英烈纪念展"内容充实,采用以史叙事、以事带人、以人见精神的方法,多感官沉浸式阐述了"祖国至上、无私奉献、锐意创新"的龙华英烈精神。这是"英雄城市孕育英雄、英烈精神激励后人"主题的持续回响。龙华还拥有可容纳 50 人的标准教室、可容纳 60 人的多媒体红色讲堂、可容纳 240 人的多功能会场等众多的空间基础。这些都将为主旋律作品提供良好、多样的展示环境。

(一) 觉醒年代: 中国共产党成立前后的上下求索

薛峰: 龙华烈士纪念馆的"英雄壮歌——上海英烈纪念陈列"共分为 6 个部分,首先是第一部分: 信仰的召唤。

19 世纪中叶以后,内忧外患,夜气如磐。为了民族独立昌盛,人民自由幸福,无数志士仁人慷慨献身。20 世纪初期,上海以其独特的地缘优势、城市体量、政治格局以及文化氛围,成为新文化运动的中心和传播马克思主义的重要基地。

1911 年辛亥革命爆发,上海在这次革命中的作用非同寻常。在这里,您看到的多媒体展项名为《光复上海》,再现了 1911 年革命军攻打上海江南制造局的情景。孙中山曾评价上海起义是对武昌起义"响应最有力而影响于全国最大者"。

辛亥革命并没有改变中国人民被压迫的命运。以陈独秀、李大钊为代表的一批中国共产党的先驱者,怀着对民族和人民的强烈责任感,勇敢地担负起救国救民的重任。

在这里我们看到这幅油画名为《开拓者》,描绘的是上海共产党早期组织的主要成员。从左至右依次是沈玄庐、沈泽民、俞秀松、李启汉、陈望道、沈雁冰、李汉俊、陈独秀、林伯渠、李达、袁振英、邵力子、李中、杨明斋。

1921 年 7 月 23 日,中国共产党第一次全国代表大会在上海法租界望志路 106 号召开。这里是李汉俊的哥哥李书城的寓所。李汉俊作为上海共产党早期组织成员之一,主要负责组织工人,努力促成马克思主义与工人运动的结合;同时,他也是中共一大代表之一。李汉俊不仅通晓日、德、英、法 4 国语言,而且马克思主义理论功底深厚。董必武曾多次称李汉俊是他的"马克思主义老师"。

1920 年 8 月,共产党早期组织成立了上海社会主义青年团,并指派最年轻的成员——年仅 21 岁的俞秀松,担任第一任书记。上海社会主义青年团旧址在上海渔阳里 6 号,对外称"外国语学社"。刘少奇、任弼时、罗亦农等都曾在此学习。这里实际也成了党的第一所青年干部培训学校。展柜中陈列的是我馆展出的国家一级文物——《俞秀松日记》。他在 1920 年 6 月 27 日的日记中,记载了当晚陈望道将刚翻译好的《共产党宣言》送到自己这里,第二天由他转交给陈独秀的经过。字简意真,弥足珍贵。

上海是中国工人阶级的摇篮,中国共产党诞生后,立即把组织领导工人运动作为党的中心工作。1921 年 8 月,中国劳动组合书记部成立,这是共产党公开从事工人运动的总机关,也是中华全国总工会的前身。

在这里我们看到的这位是中国劳动组合书记部的干事李启汉。他开创了中国共产党历史上多个第一:1920 年,上海共产党早期组织派李启汉创办了全国第一所工人学校——上海工人半日学校;1921 年李启汉领导了上海英美烟厂工人大罢工——这是中国共产党成立后领导的首次工人罢工;1922 年,他因组织工人运动被关押在龙华,成为第一个为中国工人运动坐牢的共产党员。

中国共产党的创建是中华民族发展史上开天辟地的大事变。参观者可以在此处观看多媒体展项《1921 点亮中国》。

1922 年 9 月 13 日,党中央的第一个政治机关报《向导》周报在上海公开发行。在这里我们看到的是《向导》创刊号。它的发刊词指出:"现在最大多数中国人民所要的是什么? 我们敢说是要统一与和平。"①它的第一任主编就是中国共产党早期卓越的领导人、理论宣传家蔡和森。他在中共二大上当选为中央执行委员会委员。他也是最早提出要"明目张胆正式成立一个共产党"的人。

---

① 中共中央文献研究室.建党以来重要文献选编(1921～1949)第一册[M].北京:中央文献出版社,2011:179.

窦葳：感谢薛峰馆长的讲解。我们现在所处的是重温入党誓词的互动区域。中国共产党把"共产主义"作为自己不懈追求的最终目标和最高纲领，每一位共产党员入党时，都要面对神圣的党旗庄严宣誓——"为共产主义奋斗终身"。这种坚定的共产主义理想信念，无论在任何情况下都是共产党人的精神支柱。请大家一起郑重地重温入党誓词。

下面我们进入展厅的第二部分：使命的执着。有请薛峰馆长继续为我们解读英烈事迹，回顾那段峥嵘岁月。

（二）势如破竹：国民大革命的高歌猛进

薛峰：在通道的两侧，我们现在看到的是中共二大、中共三大通过的决议案。年轻的中国共产党奋力担起了领导中国革命的重任，制定革命纲领，开展国共合作，唤起工农群众。革命志士大显身手，华夏大地风起云涌。

中共三大后，国共合作的步伐大大加快。1924年1月，国民党第一次全国代表大会在广州举行，同意共产党员以个人身份加入国民党。同年3月，国民党中央执行委员会上海执行部成立，毛泽东、恽代英、向警予、邓中夏等共产党员是上海执行部的中坚力量。

我们继续向前参观。在这里，首先向各位介绍的是向警予。当时，向警予在国民党上海执行部担任青年妇女部助理。妇女部在向警予的主持下，成立了妇女运动委员会。在上海历次工人运动中，她积极动员女学生募捐慰问，前往支援。同时向警予还编辑了《妇女周报》，争取妇女的合法权益，在上海妇女界中产生了广泛影响。上海成了全国妇女运动的中心。

恽代英担任了国民党上海执行部宣传部秘书。他利用出版刊物进行革命宣传。在大革命时期，由他主编的《中国青年》教育和影响了整整一代青年人。他被周恩来称为"中国青年热爱的领袖"。

"浪迹江湖忆旧游，故人生死各千秋。已拼忧患寻常事，留得豪情作楚囚。"[①] 1931年2月，恽代英从狱中得知"龙华二十四烈士"殉难的消息后，为纪念死去的战友，也为表达自己视死如归的决心，写下了这首七绝。

在这里我们看到的是中国早期学生运动的领袖之一——李硕勋。1923年，李硕勋进入上海大学学习。他在这里系统地学习了马克思主义，走上了革命的道路。

---

① 恽代英.恽代英全集(第九卷)[M].北京：人民出版社，2014：305.

1924 年,李硕勋加入中国共产党,负责青年学生运动。他出色的组织动员能力为大家所公认,被各校学生推选为上海学生联合会的代表。

说到上海大学,在第一次国共合作时期上海大学有着这样一句美誉——"文有上大,武有黄埔"。上海大学的校长是于右任,校务长是邓中夏,由邓中夏实际主持工作。邓中夏首先确定了"养成建国人才,促进文化事业"为上海大学的办学方针,然后他又革新教师队伍,聘请了蔡和森、恽代英、瞿秋白、陈望道等有名的党内外专家学者来校任教。在邓中夏的主持下,上海大学成为培养革命人才的红色大学。

1925 年 5 月 30 日,五卅惨案在上海爆发,所引发的五卅运动很快便席卷全国。这里是五卅运动的互动展项,参观者可以在旁边的拍照处,按提示拍好脸部照片,上传后您的形象就会出现在正前方的游行队伍中。欢迎大家进行体验。

在反帝斗争中,顾正红这位年轻的共产党员、工人阶级先锋战士,用鲜血和生命进一步唤起了工人群众,成了五卅运动的直接导火索。1925 年 5 月 15 日,为抗议日商纱厂资本家撕毁与中国工人达成的协议,顾正红带领工人群众冲进工厂与之交涉,被日商举枪威胁。当顾正红的大腿被击中时,他振臂高呼:"工友们,团结起来!"再次中弹时,他抓住树干,号召工人继续斗争,被刽子手连开两枪并用刀猛砍头部后昏迷。16 日,顾正红因伤势过重、抢救无效而牺牲。

五卅惨案发生后,为更好地领导人民进行斗争,中国共产党决定创办一份大型的日报。4 天后共产党的第一份日报《热血日报》在上海创刊。"热血日报"4 个遒劲的大字正是由第一任总编瞿秋白亲笔书写。"热血"二字,则是根据瞿秋白的"哪有公理?只有热血"一语而来。该报是一份如同五卅运动一样,让人热血沸腾的报纸。它积极地宣传了马克思主义,无情地揭露了帝国主义对中国人民所犯下的种种罪行,在中国革命史上留下了光辉的一页。

为配合北伐,推翻军阀统治,上海工人阶级在中国共产党的领导下举行了三次武装起义。第三次武装起义取得胜利后,1927 年 3 月 22 日,上海工商学界举行了第二次上海市民代表大会决议,成立了中国历史上第一次在中国共产党的领导下的,由民众自己建立起来的人民政权——上海特别市临时市政府。

汲取前两次起义失败的经验教训,中共中央和上海区委认识到党的集中统一领导的重要性,成立了特别委员会。特别委员会成员包括周恩来、罗亦农、赵世炎、汪寿华等人。

周恩来在中共六大上所做的军事报告中,称罗亦农"是上海暴动的创造者"。展柜中展示的这件长袍,是罗亦农在参加上海特别市临时市政府成立典礼时所穿。罗亦农出身于殷实的家庭。当有人问他为何有家财不守,而要孤身一人出走时,他说,个人的出路和整个社会的出路是紧密连在一起的,社会无出路,个人出路也无从谈起。1928 年 4 月,罗亦农在龙华就义,牺牲时年仅 26 岁,也是共产党牺牲的第一位政治局常委。

"龙华授首见丹心,浩气长虹烁古今。千树桃花凝赤血,工人万代仰施英。"这是老一辈革命家吴玉章缅怀赵世炎的诗篇。"施英"是赵世炎的笔名。他非常善于和工人打交道,毫无架子,讲话通俗易懂。当时,有工人说自己做工人命不好,赵世炎则说:"工和人加在一起就是天,工人团结起来大似天。"1927 年 7 月 2 日晚,因叛徒出卖,赵世炎不幸被捕。7 月 19 日,赵世炎在上海龙华警备司令部枫林桥畔被杀害,时年 26 岁。

窦葳: 1927 年 4 月 12 日,蒋介石在上海悍然发动震惊中外的"四一二"反革命政变;4 月 14 日,成立仅 24 天的上海市民政府被查封,轰轰烈烈的大革命宣告失败。政变后,国民党在龙华设立了淞沪警备司令部(先成立卫戍司令部,后改名为警备司令部)。

此后十年间,数以千计的共产党人和革命志士在龙华被关押、被杀害。比如安体诚、佘立亚、杨培生、周颐、顾治本,都是在这一时期牺牲在龙华的烈士。中国革命转入低潮,短短半年,中共党员人数由中共五大时的近 5.8 万人,锐减到 1 万多人,中国共产党面临着被敌人瓦解和消灭的严重危险。面对险恶的环境,面对生与死的考验,一些人对革命悲观失望,甚至向敌人倒戈,出卖组织和曾经的战友,但是,真正的革命者却用生命做出了不一样的抉择。下面我们进入展厅的第三部分:信仰的坚守。有请薛峰馆长继续为我们讲解。

(三) 坚贞不屈:艰难岁月里的信仰坚守

薛峰: 此时的黄浦江畔被一片白色恐怖笼罩。1927 年 6 月上旬,中共江苏省委成立,直接领导上海区委的工作。陈延年被任命为第一任书记,他思想厚重、意志刚强。他曾说过:"我们的党不是从天上掉下来的,也不是从地上生出来的,更不是从海外飞来的,而是在长期不断的革命斗争中,从困苦艰难的革命斗争中生长出来的,强大出来的。"(在展柜中陈列的是时任淞沪警备司令的杨虎就逮捕与杀害陈延年一事所写的表功信。信中他污蔑陈延年"阴鸷、凶狠",是大奸大恶之人。)陈延年不幸被捕后,面对敌人严刑拷打、威逼利诱,他始终坚贞不屈。在刑场上,面对刽子手的屠刀,他昂首挺胸。当敌人命令他跪下时,他大声说道:"革命者只有站着死,决不下跪!"1927年6月29日夜,身为中央政治局候补委员的陈延年"宁可站着死,绝不跪求生",在上海枫林桥畔英勇就义,年仅29岁。党的机关刊物《布尔什维克》刊登了悼念文章,文中提道:陈延年的牺牲"是中国革命最大的损失之一,中国无产阶级从此失去了勇敢而有力的领袖,中国共产党从此失去了忠实而努力的战士"。

在陈延年牺牲后,弟弟陈乔年义无反顾地来到了上海,担任了江苏省委常委、组织部部长,协助省委书记王若飞开展工作。但不幸的是,1928年2月,陈乔年与郑覆他、许白昊在一次会议中一同被捕。6月1日,在哥哥陈延年牺牲还不到一年之际,陈乔年同样牺牲在枫林桥畔。不久,他刚刚满一周岁的儿子也因病夭折。陈乔年临刑前曾乐观地对难友说:"让我们的子孙后代享受前人披荆斩棘换来的幸福吧!"但他的孩子却没有享受到亲生父亲为之奋斗的幸福生活。

大革命失败后,为掩护幸存下来的革命力量,1927年8月,李主一在上海奉贤创办了曙光中学。被捕后,他嘱咐前来探监的妻子说:"我为革命而死是光荣的,要抚养好孩子。替我在曙光中学操场后面买两亩田,就把我葬在那里,墓旁立块石碑,碑上题'死得其所'4个字,这样我虽死犹生……"如今,曙光中学的同学们依旧会来到纪念馆,缅怀他们的老校长——李主一。

苏兆征是中国工人运动的先驱,八七会议后成为中央政治局常委。他才华横溢,孙中山先生对其大为赏识,曾亲自介绍他参加革命组织——同盟会。他参与领导了持续16个月的省港大罢工,这是世界工人运动史上时间最长的一次罢工。长期的忘我工作,使苏兆征积劳成疾。在生命的最后一息,他还不忘嘱托同志们:"大家要同心合力,一致合作,达到革命的最后成功!"

中国共产党的历史就是一部共产党人为共产主义理想信念而奋斗、牺牲的历史。正如毛泽东所说:"中国共产党和中国人民并没有被吓倒,被征服,被杀绝。他们从地下爬起来,揩干净身上的血迹,掩埋好同伴的尸首,他们又继续战斗了。"[①]

接下来,我们看到的是"军委四烈士"。1929年8月24日,已经转入秘密斗争的中共中央军委,在召开军事工作会议时遭到国民党军警的包围。参加会议的中央军委四位领导彭湃、杨殷、颜昌颐、邢士贞均遭逮捕。蒋介石紧急下达了"速速就地处决"的密令。仅一周后,他们四人就被枪杀于龙华。这块"军委四烈士"浮雕的背景是彭湃、杨殷在狱中给党中央的信。信中报告了狱中情况,并表示:为了党的事业,绝不畏惧牺牲。各位,在这里我们看到的就是《中共中央军事部组织系统表》。从中

---

① 中共中央文献研究室.建党以来重要文献选编(1921~1949)第二十二册[M].北京:中央文献出版社,2011:137.

可以看到,杨殷当时是中共中央军事部部长。中央军事部是当时共产党的最高军事领导机构。

我们继续向前观看。

"慷慨登车去,相期一节全。残生无可恋,大敌正当前。"这首就义诗的作者名叫杨匏安。国共合作时期,他曾任国民党九大常委之一。面对屠刀,他坦然说出"从兹分手别,相视莫潸然"。他告别的不仅是战友,还有家中的 5 个孩子。为了革命,他没有留下什么家产,只在遗书中嘱托家人,"虽穷缝纫机不可卖掉"。

面对反动派的屠杀政策,为了保障中共中央领导机关的安全,1927 年 11 月,中央特科成立。在共产党情报工作战线上,钱壮飞被誉为"龙潭三杰"之一。1931 年 4 月 25 日深夜,潜伏在南京国民党特务总部的钱壮飞,接连收到了 6 份绝密电报。他冒险拆开密电并破译,得知中央特科三大负责人之一的顾顺章被捕叛变,并企图在两天后将中共中央一网打尽。他连夜派人到上海,将这一消息报告给中央特科。特科负责人周恩来立即安排上海的重要机关及领导人紧急转移,一场危机就此化解。

各位,在这里我们看到的是"情报游戏坊",大家可以通过互动游戏,体验隐蔽战线中的接听、发送、破译情报等过程。

接下来展示的几位英烈是民主党派人士。首先向大家介绍的是农工民主党的创始人邓演达。邓演达出身耕读农家,深知农民受剥削之苦。他清醒地认识到:"解决农民问题是国民革命要解决的根本问题。"在第一次国共合作时期,担任国民党中央农民部部长的邓演达与毛泽东一同创办了武昌中央农民运动讲习所。"四一二"反革命政变后,邓演达态度坚定地谴责蒋介石,因此遭到逮捕。蒋介石曾派人劝说邓演达放弃其政治主张,当即遭到其严词拒绝。他表示"要为中华民族维护正气"。

接下来为大家介绍中国的"报业巨子"——史量才。1912 年任《申报》总经理后,他创新经营理念,邀请茅盾、巴金、鲁迅等左翼作家为《申报》撰稿,《申报》成为当时全国发行量最大、拥有读者最多的报纸之一。他曾说:"人有人格,报有报格,国有国格。三格不存,人将非人,报将非报,国将非国。"

1928 年 1 月至 1930 年 8 月,中共江苏省委领导了多次上海郊县农民武装暴动。这里介绍的分别是枫泾农民暴动、小蒸农民武装暴动、嘉定"五抗"暴动中牺牲的烈士们。

接下来我们到一楼继续参观。

现在各位看到的蒋光慈、洪灵菲、陈处泰、朱镜我、郁达夫等烈士,都是中国左翼作家联盟的成员。1930 年 3 月,在共产党的支持和领导下,在上海成立了"左翼作家联盟",兴起了"左翼"文化运动。

现在,我们来到的是本馆的"龙华二十四烈士"单元。1931 年 1 月 17 日至 24 日,国民党当局在上海的东方旅社、中山旅社、华德路小学等十余处,逮捕了革命人士 36 人。在同年 2 月 7 日深夜,将其中 24 人秘密杀害于淞沪警备司令部。

"忍看朋辈成新鬼,怒向刀丛觅小诗。吟罢低眉无写处,月光如水照缁衣。"这是鲁迅先生在杂文《为了忘却的记念》中的一首诗。是什么原因让鲁迅先生说出"看桃花的名所是龙华,也是屠场,所以我是不去的"这句话呢?下面让我们一起走进展厅,了解 24 个鲜活的生命如何在黑暗中凋零,感受鲁迅先生当年那份幽深的悲痛。

首先向大家介绍的第一位烈士是中共党史上著名的"林氏三兄弟"之一的林育南。林育南 1921 年加入共产党。他秉性刚强,心肠火热,有"志士品德,烈士性格"之誉。被捕后,敌人对他劝降说:"你反对李立三,我们也反对,我们可以联合起来。"林育南义正词严地回答:"这是我们的家务,与你们不相干,我们反对他,是因为他不懂得怎么消灭国民党反动派和你们这些走狗,你们反他什么?"铮铮数语,敌人竟无言以对。

何孟雄是第一批共产党员,他的妻子是第一位女共产党员缪伯英,二人被称为"英雄夫妇"。大革命失败后,何孟雄被调往上海,担任江苏省委常委等职。何孟雄被捕之后,受到敌人的嘲笑、挖苦和挑拨离间,但他始终保持共产党人的忠诚和气节。就在他牺牲后不久,他的一双儿女,6 岁的儿子何重九,3 岁的女儿何小英,被敌人扔到了上海孤儿院。此后生死未卜,下落不明。

现在各位看到的是"左联"五烈士。他们分别是:李求实、柔石、胡也频、殷夫、冯铿。年轻的"左联"作家们,似乎更把狱中生活视作命运的一次挑战。他们凭借着一腔理想与信仰,唱出"剜心也不变,砍首也不变,只愿锦绣的山河,还我锦绣的面"。他们热爱生活,但他们更不愿放弃革命者的信念。

李求实多才多艺。1930 年,他出席了"左联"成立大会,后来党组织派他领导"左联"的工作。在"左联"五位烈士中,只有李求实是党的负责干部。当敌人以爱惜人才为由,劝降李求实的时候,他说:"共产党员都是千锤百炼用纯钢打成的人。这样的人,你们永远也杀不完。我们的良心和魂,属于我们的党。"

柔石曾说:"做人应该尝点苦,才算作真正的人。"他从清苦动荡的生活中走过来,在鲁迅的帮助下,几经挫折才发表自己的作品。狱中柔石带信给朋友说,一定要替他保守自己被捕这个秘密,无论如何不能让他家中的母亲知道。他的妈妈牵挂儿子以至于哭坏了双眼。这位母亲去世前声声呼唤儿子的名字,但她的儿子早已无法应答。

胡也频是放弃了要做艺术家的梦,才跨入神奇而美丽的文学殿堂的。他在给妻子丁玲的信中说:"牢里的生活并不枯燥和痛苦,身边的同志都有很丰富的生活与斗争经历。天天听他们讲故事,有了很大的创作欲望,相信我可以写出更好的作品。"即便身陷囹圄,仍不忘革命工作,他向妻子索取更多的稿纸,说:"坐二三年牢是不怕的。"表现出坚忍的气节和昂扬的斗志。

殷夫是一位热情的诗人,也是一位忠贞的革命战士,为了革命事业,他放弃了优越的生活条件。他曾经4次被捕入狱,仍然矢志不渝。"生命诚可贵,爱情价更高,若为自由故,二者皆可抛。"匈牙利诗人裴多菲的这首诗就是通过殷夫的翻译而广为流传的。他的大哥徐培根在国民党内担任要员,历任国民党航空署长和总司令部秘书长等要职。在过去的几年里,徐培根曾多次保他出狱,并要求殷夫放弃革命,但殷夫的选择是:"别了,哥哥,别了,此后各走前途,再见的机会是在,当我们和你隶属着的阶级交了战火。"

各位,在前方的展柜中,你们看到的是我馆的镇馆之宝,国家一级文物,在龙华烈士纪念地挖掘出的群镣、镣铐等。其中还有一件弹痕累累的羊毛背心。它的主人正是"左联"五烈士之一的冯铿烈士。这是冯铿一针一线为丈夫许峨精心织成的。尽管许峨十分喜欢,但他执意要冯铿穿上御寒。而就在1931年最冷的冬日里,冯铿被捕。这件羊毛背心带着妻子对丈夫和丈夫对妻子的爱,抵御住了严寒和比严寒还冷酷的敌人,直到那从黑暗深处射出的无情的子弹,将这真爱洞穿。

1950年,在龙华烈士挖掘现场(见图5-6),站立着一位须发皆白的老人,他就是冯铿的丈夫许峨。他一眼就认出了这件羊毛背心,他声音颤抖着说:"这就是她,这就是他们!"至此"二十四烈士"也同获昭雪。

欧阳立安从小交通员做起,后担任了共青团、上海工会的重要职务,牺牲时年仅17岁。

接下来我们看到的是"龙华二十四"烈士中的一对革命伴侣——恽雨棠、李文。在共赴刑场的路上,恽雨棠拖着沉重的脚镣,妻子李文紧紧地依偎着丈夫,双手还轻轻抚摸着腹中的胎儿。夫妻二人携手共同向夜色中的龙华塔缓缓前行,正如鲁迅先生所说:"夜正长,路也正长。"

接下来向大家讲述"囚车上婚礼"的故事,男女主人公是蔡博真、伍仲文。他们因共同的革命信仰而相爱,却不幸同时被捕。难(战)友们建议他们在囚车上举行婚礼。同车的难友见证了这可歌可泣的一幕:囚车一路呼啸行进,蔡博真、伍仲文一

图 5-6　龙华烈士陵园"英烈坑"

起发出"人生之路行将走到终点,伉俪共同信仰永远不变"的结婚誓言,誓言振聋发聩,气贯长虹。

(四) 视死如归: 不畏牺牲,只为挺起民族的脊梁

窦葳: 感谢薛峰馆长的精彩解读。接下来,让我们一起凝视这幅名为《走向刑场》的油画(见图 5-7),我们可以感受到这群年轻的共产党人面对死亡时所流露出的真实情感。当生的希望摆在眼前,他们却理智地选择了死亡。英雄不是无所畏惧,而是明知结局,却为了信仰依然一往无前!

敢于牺牲是共产党人的政治本色。"革命理想高于天",龙华英烈用生命诠释了信仰的力量,用鲜血和生命印证了共产党人是用"特殊材料"制成的。他们以不怕牺牲、视死如归的精神,为了国家独立、民族解放和人民幸福慷慨捐躯、舍生取义。他们中的许多人家境殷实,正值花样年华,却义无反顾地抛洒热血,为了远大理想矢志奋斗。他们深知追求的理想并不会在自己手中实现,却始终坚信经过一代又一代人的接续努力,崇高理想终能达成。面对家人的误解,面对利益的诱惑,面对白色恐怖,在亲情、友情、爱情和国家民族大义之间,他们做出了毅然决然的人生抉择。特别是大革命失败后,革命事业进入低潮,他们勇敢面对生与死的考验,无惧酷刑与屠

图 5-7 油画《走向刑场》

刀,以感天动地的牺牲精神,铸造了烛照千秋的英雄群像。可以说,龙华英魂镌刻的是"牺牲"二字,书写的是舍"小我"成"大我"的壮丽人生篇章,展现的是中国共产党人敢于牺牲的崇高品质和大无畏的革命精神。

薛峰:无数英雄从上海出征,红色基因已深深地根植于上海的城市血脉,夯实着上海建设卓越全球化大都市的文化根基。

希望通过今天的现场教学,可以让大家感知"英雄"的含义,感受"英雄"的分量,感悟"英雄"的精神。我想用一首龙华诗来结束今天的授课:"龙华千古仰高风,壮士身亡志未穷。墙外桃花墙里血,一般鲜艳一般红。"

(五) 本讲总结

窦葳:

1. 龙华英烈的共性特征

通过对龙华英烈事迹的梳理和学习,我们应该不难发现龙华英烈们的共性特征:

一是龙华英烈们的受教育程度和文化程度较高。其中58%的人进入过正规学府学习,28%的人有留洋履历。有74位英烈曾经从事新闻出版、文化工作,出版报纸、杂志,宣传革命思想,其中包括史量才、邹韬奋等报业报刊的优秀人才。"十年树木、百年树人",有52人曾经在学校担任教学工作,并积极投身于教学一线,担任教员。龙华英烈所著书籍、诗词数量十分庞大,他们以诗明志,撰写编译革命进步书籍,启迪民众智慧(见图5-8)。

图 5-8　铭刻在碑墙上的英烈诗文

　　二是牺牲年龄普遍较低，以青年人为主。牺牲年龄在 40 岁以下的占到了总人数的 74％，龙华英烈为了新中国的成立和建设，抛头颅、洒热血，不惧艰难困苦，不畏牺牲流血，献出了他们年轻、宝贵的生命。

　　三是龙华英烈中民国时期的著名人物较多。中共中央委员和中央监察委员 11 位；其他著名革命家、文化出版工作者、艺术家、教育家、社会活动家等 75 人。他们为民族的独立解放奉献了自己的聪明才智，发挥了十分积极的作用。

　　四是龙华英烈群体的时间跨度长。从 1924 年黄仁被国民党右派迫害致死，到1990 年张恺帆病逝，时间跨度之长是龙华英烈区别于其他烈士群体的最大特征之一。可以说，龙华英烈是在伟大的革命历史时期成长和发展起来的，拥有多个"第一"，包括第一位"明目张胆提出建立共产党"的人（蔡和森），第一位牺牲在上海的中国共产党党员（黄仁），上海社会主义青年团第一任书记（俞秀松），第一位创办工人学校、中共成立后组织第一次工人运动的人、第一位坐牢的共产党人（李启汉），中共第一位女共产党员（缪伯英）；第一届中央军委的牺牲群体（杨殷、彭湃等），第一届中央监察委的四位牺牲委员（杨匏安、许白昊等），在华南地区宣传马克思主义的第一人(杨匏安),等等。他们用自己的生命诠释了信仰、信念的力量,践行了对民族独立、人民解放的不懈追求,不断激励后来者拼搏和奋斗。

2. 龙华英烈的崇高精神

英雄固然长眠,但他们的故事值得被一次次唤醒,及至未来。通过今天的现场学习和沉浸式教学体验,相信各位都能深切感受到英烈们忠诚、奋斗、不怕牺牲的崇高精神和高贵品质。

忠诚者如何孟雄。他三次上书党中央批判"左"倾思想,虽遭党内排挤、打击,却全然不顾及个人利益。他五次入狱,始终坚贞不屈。

奋斗者如彭湃。他被毛泽东誉为"中国农民运动大王"。彭湃出身于殷实的地方望族,却不愿享受富足之乐,而选择以"救国救民、变革社会"为己任,毅然与家人分道扬镳,烧田契、毁铺约,把土地还给农民。在海丰农会成立大会上,彭湃问:"农友们! 天下怎么才会太平呢?"台下众口一词地大呼:"我们的彭湃当皇帝,天下就太平了!"面对旧式农民这种期盼救世主的心态,彭湃风趣地说:"彭湃不能当皇帝,天下从此不能有皇帝,我们农友真正当家作主,天下才能太平。"

牺牲者如陈延年、陈乔年兄弟。身为陈独秀之子,哥哥陈延年明知形势极其凶险,却仍一肩扛起革命要职,不久便被捕入狱,行刑前大义凛然:"革命者只有站着死,决不下跪!"弟弟陈乔年承接家兄之志,继续革命事业。在牺牲前,他深情地祈盼道:"让我们的子孙后代享受前人披荆斩棘换来的幸福吧!"

龙华英烈们用他们短暂却光辉的一生书写了敢于牺牲、勇于担当、信仰坚定、无私奉献的英烈本色。英雄的城市孕育英雄,英雄的精神激励后人。正如习近平总书记所指出的:"崇尚英雄才会产生英雄,争做英雄才能英雄辈出。"[①]缅怀英烈祭忠魂,抚今追昔思奋进。岁月长河,历史足迹不容磨灭;时代变迁,英雄精神熠熠发光!

三、拓展阅读: 陈延年、陈乔年兄弟的上海往事[②]

1915年9月,自日本返沪创办《青年杂志》的陈独秀得知安庆陈家遭到袁世凯党羽、反动军阀倪嗣冲的抄家。为保护两个儿子,即让兄弟二人来上海求学,进入上海法语补习学校学习。受陈独秀"自创前途"家风的影响,两人半工半读,自谋生活,晚

---

① 中共中央党史和文献研究院.十九大以来重要文献选编(中)[M].北京:中央文献出版社,2021:220.
② 徐光寿、徐敏.陈延年、陈乔年兄弟的上海往事[J].档案春秋,2018(12).

上在《新青年》杂志发行所堂店的地板上休息，吃的是难以下咽的大饼，穿的是发白的粗布长衫，身形消瘦。尽管日子过得十分艰苦，但两人却一直清贫乐道，于1917年双双考入震旦大学深造。

1919年12月25日，兄弟俩登上法国邮轮"安德烈朋号轮"，远赴法国留学。经过近40天的漂泊，于1920年2月3日抵达法国。起初，兄弟俩住在巴黎凯旋门附近的伯尼街22号，依旧是勤工俭学，做工、学习两不误。凭借着流利的法语以及扎实的文化功底，二人考入巴黎大学附设的阿里雍斯学校，计划待学业有所长进再报考巴黎大学，此时却陷入勤工俭学危机。受无政府主义者吴稚晖等掌控的华法教育会，过河拆桥地宣布与勤工俭学的学生脱离经济关系，造成大批工读学生奔波流浪。全程目睹此事，并亲身经历迫害的二陈兄弟俩幡然醒悟，看到了无政府主义的空想性和反动性，挣脱了无政府主义的束缚，加入了马克思主义者的队伍。

1927年6月26日上午，根据中共中央指示，担任江苏省委书记的陈延年与赵世炎、郭伯和、韩步先等人在恒丰里104号（今山阴路69弄90号）上海区委所在地，秘密召开江苏省委成立大会。会间得到消息，已有人被捕并泄露了大量情报，需要紧急转移。下午3时，因担心秘密材料的处理情况，避免给党组织带来更大损失，陈延年和郭伯和等人冒险返回。却不幸被上海国民党警备军警发现，虽与敌人展开殊死搏斗，但因寡不敌众被捕。1927年6月29日夜间在上海枫林桥畔刑场，陈延年不愿下跪受刑，竟被敌人乱刀砍死，壮烈牺牲。

1927年冬，陈乔年奉命调到上海，先任中共江苏省委常委、组织部部长，后任中共中央组织部副部长。1928年2月16日，在英租界北成都路刺绣女校秘密召开各区委组织部部长会议，在酱园路召开各区特派员及产业总工会主任联席会议。但因叛徒唐瑞林泄密而遭到国民党特务的大破坏，陈乔年、郑覆他和许白昊等同志被捕。与陈延年一样，陈乔年也被拘押至上海枫林桥畔国民革命军总司令部驻沪特别军法处看守所。

陈乔年的表现是勇敢的。为获得更多的机密，敌人对他实施各种酷刑，严刑逼问妄图获得有关党组织的更多情报，但陈乔年一直咬紧牙关，不屈不挠。生性乐观的他在狱中还一直积极鼓舞同志们的士气。然而，1928年6月1日夜，凶残的敌人最终在陈延年等一批烈士1927年6月的就义之地——上海枫林桥畔国民革命军总司令部驻沪特别军法处看守所刑场，枪杀了陈乔年。

陈延年、陈乔年的一生虽是短暂且悲壮的，但是他们心系天下，为革命事业鞠躬尽瘁成为民族之楷模、国家之骄傲!"让子孙后代享受前人披荆斩棘换来的幸福吧!"陈乔年就义前的遗言已经实现。随着革命的胜利、国家的振兴,属于中华民族辉煌的时代再一次来临。与他们兄弟相仿风华正茂的吾辈,正值民族复兴之际,更应以先驱为楷模,承革命先烈之宏愿,不负韶光砥砺前行。

参考文献

[1] 中共上海市委党史研究室.中国共产党上海史(上册)[M].上海:上海人民出版社,1999.
[2] 中共中央党史研究室.中国共产党历史:第一卷.上册[M].北京:中共党史出版社,2011.
[3] 王菊如,邵文菁.建龙华烈士陵园,展百年民族精神[J].史林,2010(S1).
[4] 薛峰,张文,吴浩波.发挥上海红色资源优势,打造党性教育精品课程——以龙华烈士陵园为例[J].党政论坛,2018(10).
[5] 徐光寿,徐敏.陈延年、陈乔年兄弟的上海往事[J].档案春秋,2018(12).
[6] 丛雪娇.革命烈士陵园与红色文化传播——以龙华烈士陵园为例[J].中国纪念馆研究,2019(01).
[7] 忻平,杨阳.1920年中国共产党的发起初建与上海渔阳里[J].史林,2021(01).
[8] 梅丽红.中国共产党在上海创建活动的精神品质[J].党政论坛,2021(01).

第六讲　曹杨新村与新中国工人阶级的幸福生活

　　中国工人阶级是中国新民主主义革命的领导阶级,也是新生的中华人民共和国的主人。走进具有 70 年历史的中国历史上第一座工人新村——上海曹杨新村,回顾曹杨新村的建造历史,追忆那些镶嵌其中的红色故事,赏析它的建筑理念和特色,从中感知蕴含在这座上海优秀历史建筑中的过去与现在、特点与温度,回味新中国工人阶级实现"居者有其屋"的幸福生活,感悟中国共产党人"为中国人民谋幸福、为中华民族谋复兴"的初心使命,增强践行"人民城市人民建,人民城市为人民"重要理念的自觉性、主动性、创造性。

本讲问题

1. 请结合各自的情况,谈谈新中国成立以来,家庭住房条件发生的变化。
2. 如何理解曹杨新村与新中国工人阶级幸福生活的关系?
3. 邻里单元的居住区规划理论在当今时代条件下是否依然适用,为什么?

一、工人阶级翻身成为国家的主人

课程导入

　　刘严宁(上海城建职业学院马克思主义学院副教授):安居乐业是劳动人民千百年来的梦想,无论是在封建时代还是十里洋场的旧上海,"居者有其屋"对劳动人民来说始终是一个遥不可及的梦想。

　　马克思、恩格斯在《英国工人阶级状况》《论住宅问题》等著作中对当时英国工人阶级的居住状况做过详细的描述:"工人住宅到处都规划得不好,建筑得不好,保养得不好,通风也不好,潮湿而对健康有害。住户住得拥挤不堪,在大多数场合下是一间屋子至少住一整家人。"[①]旧中国工人阶级的居住状况之差有过之而无不及。上海工人阶

---

① 马克思恩格斯全集:第 2 卷[M].北京:人民出版社,1957:357.

级的居住情况就是最好的证明。

(一) 上海解放前工人阶级的住房难题

黄坚(中共上海市委党史研究室副研究员)：上海是中国工人阶级的发祥地。上海开埠后,伴随着外国人来沪投资设厂、中国民族工业的兴起和发展,上海的产业工人阶级逐渐形成。他们是生产的基本动力,是创造社会财富的基本队伍。他们有的本来就是上海市民,也有许多从外地到上海投亲靠友的,或者是来上海谋生的贫困农民。

旧上海的住房,有幽雅宜人的近郊别墅、宽敞舒适的花园住宅、富丽堂皇的公寓大厦,居住者多为富有的中外商人、地主、官僚、资产阶级、中高级职员、医师、教师和建筑师等;同时,也有简陋拥挤的里弄石库门房和肮脏破烂的棚户简屋,甚至"滚地龙",居住者多为低级职员、工人和小商小贩。

新中国成立前,简陋的旧式里弄石库门房屋,租住着上海市区一半以上的居民。这些房屋主要分布在租界、沪东、沪西的工厂区以及南市、闸北等地,建筑密度高达40%—80%,暗、闷、破、漏、潮是它的特征。二房东为了赚取更多的租金,还要屋中建屋,楼中搭阁,屋顶加层,在晒台、天井搭建房间,将灶房改为卧室。有一幢二层楼单开间的砖木里弄房屋,共搭建9处违章建筑,增加了居住面积的1.5倍。房屋形若蜂巢,房间犹如一格一格的抽屉。这幢房屋共住15户52人。有一户5口人,挤住在6平方米的阁楼里,既无窗又无床铺。这种情况在黄浦、南市等区比比皆是。在旧式里弄中还有数人共同租赁一个小阁楼,同工厂三班制轮换睡觉。这些旧式里弄多年失修,再加上二房东的乱搭乱建,房屋损坏严重。新中国成立初期,上海房屋主管部门曾做过调查:旧老闸区共有房屋5 750幢,危房占42%;旧黄浦区9条里弄共有房屋559幢,急需修理的占50.6%。[①] 其他区如南市、闸北、普陀、杨浦等也差不多。屋漏情况更加普遍,屋外大雨,屋内小雨,已是司空见惯;遇上下雨天,屋里一个星期也干不了。由于没有排烟系统,一到烧饭时间,满屋子烟雾腾腾,直呛人咽喉。

新中国成立前,全市住在棚户区的居民总数约100万人。肮脏、破烂的棚户区散布在黄浦江两岸的码头附近,繁华市区的边缘,工厂附近的荒地、废墟、坟场、垃圾场,苏州河两岸和其他河、沟的旁边,以闸北、普陀、杨浦、南市等区为多,居民多为纺织、交运、码头、市政工人以及小商小贩。棚户区的房屋大多数是草棚,用芦席、竹竿、稻草、泥土作材料,拼搭而成,一块破木板或一块草帘、破布就当门,在抹泥的墙

---

① 陆文达.上海房地产志[M].上海:上海社会科学院出版社,1999:492.

上开个洞就算窗,也有的根本就没有窗户。破陋的棚舍不足以蔽风雨、御寒暑,没有最基本的市政卫生设施。如普陀区的药水弄是有几千户的大棚户区,仅有两个公用自来水龙头,还被地痞把持作为剥削大众的工具。有的居民因吃不到自来水,或因付不起水费,只好吃苏州河的脏水。除西康路1371弄和1501弄两条大分支是石子路外,其余的31条支弄和100余条叉弄是被人的脚步踩出来的弯弯曲曲、高高低低的泥径小路。这里东一个水坑,西一堆垃圾,没有排水沟渠,天一下雨就成泥浆路,十天半月不会干,居民叫它"阎王路"。晚上,除西康路一段有路灯外,其他地方一片漆黑,居民点的是煤油灯,常常成为火灾的导火线。恶劣的居住环境导致居民死亡率极高,尤其是儿童。当时药水弄流传着这样一首民谣:"宁坐三年牢,不住石灰窑。"①

图6-1　上海解放前工人住在低矮的茅草屋里,而且没有自来水等市政卫生设施

　　有的工人连草棚也搭不起,只能买条破船作为一家人的栖身之地。甚至还有一些穷人,租房无钱,搭屋无地,只能蛰伏在桥洞和废弃的碉堡里,甚至露宿街头,无家可归。

① 陆文达.上海房地产志[M].上海:上海社会科学院出版社,1999:492.

　　总之,上海解放前的住房问题非常严重,尤其是工人阶级的住房问题。工人阶级的社会地位低下,收入低,缺衣少食,生活极困难,仍挣扎在饥饿线上,根本无力解决住房问题,国民政府也从来没有关心过。全市住在棚户区的居民总数约 100 万人。据新中国成立初期调查,全市有 26 万名职工,加上其家属约 105 万人缺房。这就是当时上海工人的住房情况。

(二) 解放后工人阶级社会地位的提高

　　刘严宁:马克思、恩格斯认为,社会革命是解决住宅问题的根本途径。1949 年 5 月 27 日,上海解放。中国最大的城市回到了人民的手中。5 月 28 日,上海市人民政府正式成立。人民成为国家、城市的主人,为工人住房条件的改善和住房问题的解决,提供了可能。

　　黄坚:上海不仅是中国工人阶级的发祥地,也是中国共产党的诞生地。中国共产党是中国工人阶级的先锋队,是中国人民和中华民族的先锋队,代表中国最广大人民的根本利益。早在全国解放前夕,1949 年 3 月,党的七届二中全会在西柏坡召开。会议确定了新中国的大政方针。毛泽东在报告中提出,党的工作重心由乡村转移到城市,在城市斗争中,"我们必须全心全意地依靠工人阶级,团结其他劳动群众,争取知识分子,争取尽可能多的能够同我们合作的民族资产阶级分子及其代表人物站在我们方面",并告诫全党:如果我们不能"首先使工人生活有所改善,并使一般人民的生活有所改善,那我们就不能维持政权,我们就会站不住脚,我们就会要失败"。[①]

　　上海解放后,中共中央华东局、中共上海市委和上海市人民政府(下简称:华东局、市委、市政府)坚定不移地贯彻全心全意地依靠工人阶级的方针,领导上海人民对旧社会进行脱胎换骨的改造,加紧恢复和发展国民经济,在物质生活和精神文化生活方面不断满足劳动人民、满足工人阶级的需求。

　　5 月 31 日,上海解放的第四天,上海工人代表就在当时全上海设施最完备、条件最好的具有"远东第一影院"盛名的大光明电影院,举行了纪念"五卅运动"24 周年大会。陈毅市长出席了会议,他一上主席台,便对着台下的代表们深深地鞠了一躬,开口第一句话就是:"上海的工人老大哥、老大姐们,我们归队来了!"[②]简简单单、十分朴实的话语,让在场的工人们听得热血沸腾,报以热烈的掌声。这句话明白无误

① 毛泽东选集:第 4 卷[M].北京:人民出版社,1991:1427 - 1428.
② 张祺.陈毅与上海工人运动.//中共上海市委党史研究室.陈毅在上海[M].北京:中共党史出版社,1992:279.

地道出了中国共产党与工人阶级的血肉关系,迅速拉近了市长与工人的距离,也让台下的所有工人代表都真真切切地体会到新生的政府是人民自己的政府,是为工人阶级服务的政府。接着,陈毅在讲话中充分肯定了上海工人阶级的地位和作用,号召上海工人阶级迅速建立自己的工会组织,并团结一切民主阶层,以高度的热忱建设新上海。会议宣布成立总工会筹备委员会。

经过近 8 个月的筹备,1950 年 2 月 3 日,上海市首届工人代表大会在市政府大礼堂举行。2 月 7 日,大会宣告上海总工会正式成立,并通过了《关于上海工人运动当前的方针与任务》等 10 项决议。从此,上海工人阶级在上海总工会的领导下,在反封锁、反轰炸、维持与恢复生产、建设人民的新中国等方面,充分发挥了工人阶级的主力军作用。

不久,上海购买了位于西藏中路 120 号的原东方饭店,并对其进行改造,设立了上海工人图书馆、上海工人运动史料陈列馆、弈棋室、乒乓球室、健身房和小剧场等文娱活动设施,使这个昔日名流权贵的欢乐场,转变成为上海总工会直属的文化事业单位——上海市属的文化事业单位——上海市工人文化宫,1950 年 9 月 30 日正

图 6-2　上海工人有序进入工人文化宫活动

式对外开放。陈毅市长出席了开幕式,他热情洋溢地向上海工人道喜,并代表中共上海市委、市人民政府题赠了写有"工人的学校和乐园"字样的横匾。此后,上海市工人文化宫每天都吸引着各行各业的工人前来休闲、娱乐和学习,成为名副其实的工人的学校和乐园。

(三) 工人生活条件的改善

1949 年下半年至 1950 年上半年,根据市委、市政府的指示,上海总工会、市公共房屋管理处、市劳动局和市工务局等单位对工人居住情况进行调查。市总工会的重点调查显示:一幢二楼三底的房屋,住了 500 名左右的女工,三层床铺上每层要挤两人,甚至在机器厂内就在机房上面搭起搁板,作为工人居住之所。有的因为工厂附近不容易找到合适的房屋而远居他区。如有居住在龙华而到沪东上班的,也有居住在吴淞而到沪西上班的。工人们集中居住的地区,绝大部分是棚户、板房,无水、无电,道路泥泞,秽气熏天,阳光不足,空气混浊,终日受烟尘和机器声响的困扰。当时,全市有 100 万劳动人民连同其家属共约 300 万人,居住在棚户、平房、老工房和旧式里弄房屋。

为解决工人的住房难的问题,市工务局提出要"辟建人民村""辟建工人村";市公共房屋管理处也提出要"建造一部分劳动新村"。然而,解放不久的上海百废待兴,并面临着美帝和国民党蒋介石集团的海上封锁和空中轰炸,市政府财力不足,未能筹措到足够的建设资金,因而不能马上就建设新房屋,解决工人阶级居住难的问题。但当时市委、市政府还是想方设法筹措资金,结合市政建设,开始为全市旧有棚户、简屋区修筑道路,铺设下水道,设置公共给水站,安装路灯,建造公共厕所和垃圾箱。1950 年,上海全年整修路面 247 万平方米,其中有 1/3 约 70 万平方米[①]是在闸北、沪东、南市、沪西等工人住宅区。经修整,原来每逢下雨便成"天宝河"的天宝路消除了积水,解除了当地居民多年的烦恼。

工人阶级社会地位的提高,工人居住区条件的改善,彰显着党和政府代表着广大工人阶级和劳苦大众的利益。随着国民经济的恢复和发展,市委、市政府将建设工人新村提上了议事日程。

---

① 上海市人民政府一九五〇年工作总结:潘副市长在上海市二届二次人民代表会议的报告(续昨)[N].文汇报,1951 - 04 - 20(2).

二、曹杨新村拔地而起与工人阶级幸福生活的开启

(一) 重点调研新建工房问题

黄坚：1951 年，由于政府财政有限，市政建设计划无法全面开展，只能重点建设，一般维持。但就在这种局面下，市委和市政府却把建造工人新村提上了议事日程。同年 4 月 11 日，在上海市第二届第二次各界人民代表会议上(见图 6-3)，陈毅市长部署当年的工作任务，提出：要明确贯彻"市政建设为生产服务，为劳动人民服务，并且首先是为工人服务"的建设方针，要"有重点地修理和建设工人住宅，修建工厂区域的道路桥梁，改善下水道、饮水供给及环境卫生，以改进工厂区及工人居住区的条件"。[①] 由此，上海开始有计划地建造工人住宅。

图 6-3　上海市第二届第二次各界人民代表会议会场

① 陈毅.一九五一年上海市工作任务(1951 年 4 月 11 日)//中共上海市委党史研究室,上海市档案馆.上海党代会,人代会文件选编：下册[M].北京：中共党史出版社,2009：167.

在此之前，1951年3月，上海市委和市人民政府根据毛泽东主席"必须有计划地建筑新房，修理旧房，满足人民的需要"①的指示，确定普陀区为重点试验区，并派遣市政府工作组市政建设分组到普陀区、杨浦区进行调查，重点研究"旧有工房之整修及新建工房问题"，并写出调查报告。

市政府工作组的调查显示：当时苏州河北根本没有交通、上下水道等系统，自来水系统也极度凌乱。普陀区全区约26.5万人，各业工人约7万余人，连同家属在内，粗略估计约在20万人②。他们居住的工房普遍十分拥挤，两排住房间隔仅几米，住房内采光差，甚至终日要点灯；一般没有天花板，陡峭的楼梯几乎直上直下。由于无人管理，原为二层楼的房屋在纵横间隔以后，变成四五层，几乎所有的空间都被挤压利用，甚至一间房内挤进五六对夫妻和孩子，或塞进三四十人。房内空气流通差，更没有阳光。绝大部分工房年久失修，随时有倒塌危险。有的工人居住在自然聚集起来的棚户区域内，那里没有道路系统，垃圾堆积，无法清理。加之没有下水道，污水横流，臭气四溢，环境卫生问题之严重与恶劣，难以描绘。其他如没有水电供应，更不必论述。简易棚子随意搭建，拥挤而密集。最典型的如石灰窑药水弄，在不到半平方千米的面积内，共有草棚4 000多间，居住近1.6万人。一旦发生火灾，火势难以控制，后果不堪设想。同时，普陀区的医疗卫生条件很差，教育设施不健全，除可容纳400余人的简陋电影院外，没有其他的公共文化娱乐设施。据此，市政府工作组明确提出："为工人阶级服务，必须首先在工人居住问题上有步骤地给予适当解决。"③

同时，为新建工房选择建设地点时，市政府工作组实地考察了浜北王家弄等5个地方，最终选定中山北路以北、曹杨路以西地段为比较理想的工人居住区域。因为这里有大片农田和河流，空地多，可利用的土地达200公顷，且距离普陀区的"大自鸣钟"（长寿路、西康路口）一带工厂仅4千米，交通方便，环境好。

（二）曹杨新村的规划设计

1. 以"邻里单位"理论规划曹杨新村

王萌（上海城建职业学院建筑与环境艺术学院高工）：新村在选址时，专家们考

① 《中央转发北京市委解决房荒计划的批语》(1951年2月18日)//建国以来毛泽东文稿(第二册)[M].北京：中央文献出版社,1988：131.
② 中共上海市委党史研究室.上海工人新村建设研究[M].上海：上海书店出版社,2021：46.
③ 中共上海市委党史研究室.上海工人新村建设研究[M].上海：上海书店出版社,2021：47.

虑到市区内缺乏大块的空地,就从5处备选的地块中,选择了中山北路以北、沿曹杨路以西的地块作为具体的建设地点。当时选址的依据是:这里自然环境较好,只有散布的村落,以农田和河流为主,空地很多,可供开发的余地十分大。同时,这里靠近沪西普陀工业区,周边还有大型的工厂,交通也较为方便。综合这些原因,新村就选定了我们脚下这片区域。

当时的规划设计是由上海市规划建筑管理局总建筑师汪定曾先生主持的。汪先生曾求学于美国伊利诺伊大学的建筑系。他公开表示过新村的规划设计不是像大家所以为的是"苏式设计",相反是彻头彻尾的"美式设计"。

那么,什么是苏式设计?什么是美式设计?两者的区别是什么呢?苏联的建筑风格是讲究轴线对称、空间围合以及纪念性强的大街坊布局,比如延安西路的上海展览馆,北京的人民大会堂、毛主席纪念堂,都是典型的苏式设计。这种设计适合纪念性比较强的建筑类型,但并不适合以居住功能为主的社区规划。

美式的居住区规划设计普遍依据"邻里单位"(见图6-4)理论。它是由美国人科拉伦斯·佩里于1929年提出的,主要包括6个要点:第一,根据学校确定邻里的规模;第二,过境交通大道布置在四周形成边界;第三,注重邻里公共空间的设置;第四,在邻里的中央位置布置公共设施;第五,在邻里单元的交通枢纽地带集中布置商业服务;第六,设计不与外部衔接的内部道路系统,减少车行对居住环境的干扰。佩里认为,当时汽车快速发展,城市交通给居住环境带来严重困扰。此时,居住环境中最重要的问题是街道的安全,最好的解决办法就是建设合理的道路系统来减少行人和汽车的交织和冲突,也就是说,将大量的汽车交通完全地安排在居住区之外,可以防止外部交通穿越。在此基础上,居住区内部住宅建筑

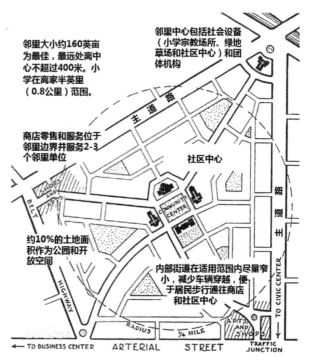

图6-4　邻里单位图示

的布置也需较多地考虑朝向及间距,而不是简单的空间围合。

　　"邻里单位"理论的提出,是为适应机动车交通发展给现代城市规划结构带来的变化,改变了过去住宅区结构从属于道路、划分为方格的状况,目的是创造一个适合居民生活、舒适安全、设施完善的居住社区环境。根据"邻里单位"理论设计的是"一个组织家庭生活的社区规划",不仅包括住房,包括周围的环境,而且还要有相应的公共设施。这些设施至少要包括一所小学、零售商店和娱乐设施等。该理论对20世纪30年代欧美的居住区规划影响很大,直到现在还在国内外城市规划中被广泛应用。

　　汪定曾先生在规划设计曹杨新村时,就依据自己在美国伊利诺期间居住过的"绿村邻里单元"里的体验,将"邻里单位"的思想融入曹杨新村的规划设计中。

　　在"邻里单位"思想的影响下产生的曹杨新村的规划(见图6-5),一开始就充分考虑了配套设施的建设。这些配套包括周边的道路交通、供水、供电等基础设施,商店、菜场等生活设施,以及医院、学校、文化馆等医疗、教育文化设施。新村规划总面积为94.63公顷,服务半径约为600米,从边缘步行至中心的时间在7—8分钟。中

图6-5　曹杨新村总体规划图

心设立各项公共建筑,有合作社、澡堂、邮局、银行和文化馆。在边缘设置小菜场、商业设施。小学和幼儿园平均分布在新村的独立地段内,小孩上学不超过 10 分钟的步行时间。在不妨碍居住安静需求的同时,学校也能有足够的活动场地。这样就形成一个"迷你"小社会。

"邻里单位"这个理念是城市规划中特别能体现"城市让生活更美好"这个主题的。中国自古便有"五家为邻,五邻为里"的说法,描绘的是田园牧歌时代的居住关系。佩里的"邻里"是城市化背景下的生存法则,重在强调在社区中,重新发现那些随着城市尺度增大和交通的快速化而消失的"亲近感"和"归属感"。

当时规划界的前辈金经昌先生也参与了曹杨新村的规划设计。他提倡道路分级分类,住宅成组、成团布置,在争取好的朝向的情况下,打破行列式布局的单调,并将原有的河浜组织在绿地系统中,使每幢房屋前都有一块绿地。

专家们在总体规划时尽量结合原始地形布置路网和建筑,保留原有的河浜水面,增加了新村的自然景色。新村至少 10% 的土地是公共开放空间或者公园。

可以说曹杨新村的路网设计造就了这样的社区公共空间环境。曹杨一村南边的兰溪路和北边的梅岭北路不但分别疏解了来自城市干道的车流,还通过"包夹",将花溪路"保护"在它们之间,几乎任何沿花溪路方向的车流都可以通过选择走这两条路到达自己的目的地,所以花溪路的车流即使是在白天也很少。像花溪路这样用途的社区场所,在如今这个人口高密度、公共活动空间缺乏、社区老龄化逐渐加剧的大城市中是尤其重要的。

2. 以"宜居为要"设计新村的房屋建筑

王萌:当年在确定了建设区域和规划后,汪先生主持的设计小组按照"以环境宽敞,房屋建筑简单、朴素,实用、美观,居住不宽不挤,附带建造必需的公共建筑"的原则,又进行了更具体的房屋设计工作。由于当时的建设资金非常有限,为使房屋设计尽可能地更适宜居住,专家们做了许多具有开创性的设计,最终确定了建筑的设计方案。

大家可以看到,这里的住宅主要为立柱式砖木结构,最开始是二层楼,五开间,坐北朝南或朝向东南。层高 2.5 米,墙体采用一砖墙,外面糊的是草泥。建造的木料大多来自当时一个展览会上拆除的旧木材。每个单元使用面积 173 平方米(见图 6-6)。可以住大户 4 户人家,小户 6 户人家。大户面积为 20 平方米,可供三口以上的家庭居住,小户面积为 15 平方米。

每一层都有一间公用厨房,供同一层的 5 户人家合用。厕所设在底层,供同一个单元内的 10 家住户共用。

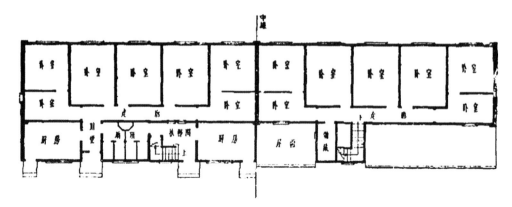

图 6-6 曹杨新村二型住宅平面图

大家可能想,按照现在的居住标准,厨房和卫生间不能独用,私密性怎么保证呢? 当时这些房型产生的背景是新中国成立初期,经济较落后。合用卫生间、厨房以及户外的公共空间,提供了"公"与"私"交融的可能性,打破了"公"和"私"的界限,反而塑造了一种富有时代特色的新的人际关系和生活世界。

我们站在这里可以感受到前后住宅的间距比较宽,相当于房屋高度的两倍,这样就能很好地保证居室的采光和通风。单体建筑设置了前后庭院,街坊内绿地和公共活动场所面积比较大。因此,总体来说这里建筑密度比较低,非常宜居。建筑密度是个规划术语,用通俗的话来讲,就是一块土地上建造的建筑面积与用地面积的比例。建筑密度大,人均公共空间就小;建筑密度小,人均公共空间就大,宜居性就强。

(三) 曹杨新村的建造与分配

1. 全力建设曹杨新村

黄坚: 在确定选址、规划设计的同时,市委、市政府先后成立了"上海市工人住宅建筑委员会"和"普陀区市政工程建设执行委员会",负责协调工程建设工作。前者由副市长潘汉年主持,后者由市工务局局长赵祖康兼任主任委员。

1951 年 4 月 6 日,市政府工作组提交了《普陀区重点市政建设计划草案》。该计划草案在经过中共普陀区委、区政府同意后迅速上报市政府,副市长潘汉年建议市委进行专题讨论。市委随即批示:"一切可能解决的问题,必须马上予以解决。"[1]

---

① 《上海住宅建设志》编纂委员会.上海住宅建设志[M].上海:上海社会科学院出版社,1998:144.

　　7月10日，普陀区市政工程建设执行委员会召开第一次会议，研究确定了建造1000户工人住宅（后实际建造1002户），包括房屋、道路、沟渠、征地拆迁和公共建筑等，以及全部费用（概算为325万元）。建设资金采取分流的办法，房屋、公共建筑及室外附属工程由市财政投资，城市公用事业的建设费用由各有关单位投资。建造曹杨新村工人宿舍工程，需要大量黄沙、砖头、木料等建筑材料，但市场上供不应求。为此，7月28日，陈毅市长和潘汉年、盛丕华副市长联名致函华东军政委员会财政经济委员会，称市政府已将曹杨路工人住宅列入年度计划，希望帮助解决需购木料170万板尺的问题。

　　经过数月的紧张准备，1951年9月16日，曹杨新村工人住宅正式开工建设。在建设部门和全市各方的共同努力下，经过近7个月的奋战，1952年4月，曹杨新村第一批工人住宅建设全部竣工，共建成48幢两层楼房、167个单元、建筑面积3.2万平方米，可容纳1002户居民[①]。经市政建设委员会、市公共房屋管理处、市卫生局、上海总工会等单位验收合格。

　　2. 做好房屋分配工作

　　黄坚：曹杨新村的建成，是上海工人阶级的一件大喜事。但如何分配好这些房屋，成为许多市民和工人十分关切的事情，也是新建工房是否真的为工人阶级服务、为劳动人民服务的关键。为做好上海解放后第一次职工住房分配工作，上海总工会会同有关单位进行多次商讨，确定了房屋分配的主要原则：① 就近分配。考虑到曹杨新村位近沪西，且数量有限，不能全部解决全市工人住房问题，为了发展生产，避免路途往返，决定此批房屋先分配给沪西普陀、江宁[②]、长宁三区的工人。② 单位分配。以国营、公营为主，兼顾私营工厂。③ 行业分配。以纺织、五金产业为主，适当照顾轻工业、化学、食品等产业。④ 人员分配。分配给工厂中从事技术创造、发明和提出合理化建议者，对生产上有显著贡献者，生产上一贯带头的优秀先进工作者；工龄较长的老年工人、生产上一贯表现积极、住房情况特别拥挤之职工。

　　根据这些房屋分配原则，形成分配方案，并报市政府同意后，由上海总工会牵头，会同市公共房屋管理处，市劳动局，市市政建设委员会，普陀、江宁、长宁各区区委，华东纺织管理局，华东工业部及纺织、五金、食品、轻工业、化学等产业工会组成曹杨新村房屋调配委员会，负责此项工作。同时，上海总工会、市公共房屋管理处和

---

① 中共上海市委党史研究室.上海工人新村建设研究[M].上海：上海书店出版社，2021：52.
② 1960年1月，江宁区撤销。江宁区地域面积3.19平方千米，东起泰兴路，西到延平路、长宁路、江苏路，南起新闸路，北至安远路。

普陀区政府组成迁入工作组,负责帮助解决迁入的各项具体问题。

经过试点之后,普陀、江宁、长宁三区百余家工厂相继采取个人申请、调查核实、逐级讨论、张榜公布等方式,最终确定分房名单,以最大限度地保证房屋分配的公开、公正。

1952年6月,曹杨新村分配工作基本完成。共计有52家国营工厂的653名工人和65家私营工厂的349名工人迁居曹杨新村。其中,从事创造发明和提出合理化建议、在生产上有显著贡献的先进工作者247人,占24.6%;生产上一贯表现积极、工龄较长的老工人530人,占52.9%。这一分房原则,后来为分配政府建造的工人新村时所沿用①。

6月11日,上海总工会召集普陀、长宁、江宁三区7家公私合营工厂负责干部召开会议。工会副主席沈涵指出,曹杨新村第一批工人住宅的落成,是上海工人弟兄的一件大喜事。只有在毛主席共产党领导下的人民政府才能做到。他号召这次分配到工房的工会基层组织要以认真负责的精神,将宣传教育及分配工作做好,争取在6月30日前能全部搬入新宅居住。

3. 劳动模范入住曹杨新村

黄坚:6月25日,曹杨新村迎来了第一批114户住户。他们是来自国棉二厂、六厂、国机二厂、寅丰毛纺厂、鼎鑫纱厂、申新二厂、诚孚铁工厂等厂的劳动模范和先进工作者。这一天,新村门前喜气洋洋,路旁插遍红旗,大牌楼悬挂着"喜"字灯笼和"欢迎生产先进者迁入曹杨新村"的横幅,横幅的左右两边分别写着"动脑筋创造发明,积累国家财富""找窍门增产节约,实现幸福生活"。

乔迁新居的工人和家属们在各厂工人敲锣打鼓的欢送中,乘坐十几辆卡车到达新村。戴可都、黄梅狗、蒋秀珍、陈

图6-7 之前住在破船上的工人举家迁入曹杨新村新居

① 《上海工运志》编纂委员会.上海工运志[M].上海:上海社会科学院出版社,1997:561.

荣康等率先步入新村，接受各单位代表的热烈欢迎和少年儿童队队员的献花。之后，在房管处同志的带领下欢天喜地住进新房。

6月29日，曹杨新村举行庆祝曹杨新村工人住宅落成暨迁入新宅大会。市政府领导、上海总工会、华东纺管局、新村居民代表、工厂基层工会工人代表等1500多人到会。

副市长潘汉年代表全市人民向迁入新村的工人兄弟致贺并表示，建造曹杨新村工人住宅，是市政建设为工人服务的起点，今后要继续为改善工人生活做好一系列的工作。同时，他表示一定在最短时间内关照有关机构改善新村的子弟小学及交通、自来水等问题。

上海总工会副主席钟民代表上海总工会勉励居住新村的工人兄弟在生产上要起带头作用，在新村方面要创造模范家庭，做好家属工作，过好集体生活，做好文化学习和卫生防疫工作。

华东纺织管理局张本副局长表示要为工人兄弟改善生活，在1952年准备继续建造工房、医院、托儿所等。

新村工人代表国营二机厂副厂长陆阿狗、申新二厂模范工人蒋秀珍和工人家属代表蒋老太太都在大会上发表讲话。他们说，居住曹杨新村，感到十分光荣和满意；想想过去，比比现在，感动得说不出话来。他们还表示："我们现在虽已住到新房子，但还有很多工人兄弟都住不到，因此我们准备加紧生产，创造更多财富，使更多的工人兄弟能住到新洋房。"[1]建筑工人代表李鸿春说："我们过去受反动派压迫、剥削，还要挨打，生活都无保障，根本谈不上解决居住问题。现在，毛主席领导工人翻了身，生活逐步改善了。数十年来一直苦恼着的居住问题，将在今后逐步获得解决。我们保证在工作中一定努力加油干，做到又好、又快、又省，并争取提前完成光荣任务。"[2]

至此，1 000余位先进产业工人及其家属全部入住曹杨新村。他们有的是从住了几十年的破船上搬来的，有的是从破烂的棚户简屋中搬来的，在这里实现了"居者有其屋"的梦想，开启了幸福新生活。

（四）工人阶级开启幸福生活

1. 工人的地位和待遇生活"当不在商贾职员之下"

黄坚：入住曹杨新村，解决了新村工人的住房难问题。狭小的居住空间、肮脏的居住环境为宽敞、明亮、生活便利的新村新屋代替。搬入漂亮、整洁新居的工人及

---

① 祝贺曹杨新邨落成和先进生产者迁居　上海工人举行庆祝大会[N].文汇报,1952-06-30.
② 本市二万户工人住宅全面动工兴建[N].文汇报,1952-08-19.

其家属们,洋溢着喜悦。新居与他们原来居住的草屋或破船相比,可以说有天壤之别。住了13年棚屋的申新二厂生产积极分子蔡阿三欢天喜地搬进新居后,兴高采烈地对人说:"半辈子没有踏进过洋房,这一下子可真要住进去了。"①戴可都表示:"这样的房子我一辈子都没有住过。"申新二厂的织布先进工作者蒋秀珍踏进新房后,想到原来居住的潘家湾路上的草屋,感叹着说道:"过去房子又小又漏雨,臭虫多得像蚂蚁搬家,晚上睡觉也睡不着,现在这些顾虑都没有了。"国营二机厂陆阿狗的母亲带着孙儿、孙女跨进新房,看到厨房、卫生间后笑得合不拢嘴,她说:"我年纪大了,过去受够了帝国主义和反动派的压迫,到今天毛主席时代工人才有这样幸福。"②

　　入住曹杨新村,提高了新村工人的生活水平和品质。工人和家属们发现搬进新房子后,生活更加便利。新村里有合作社(见图6-8)、小菜场、熟水店、诊疗所、人民银行新村办事处、邮局代办所等配套设施。他们可以在合作社里买到日用百货、油盐柴米酱醋等各种家庭日用品,价格比市场便宜一二成。小菜场的各类蔬菜、肉类也较市场价格便宜。在休息日,工人们也可以悠闲地在新村里度过。因为这里环境

图6-8　曹杨新村的居民在新村工人消费合作社购物

---

① 从棚户到洋房——记申新二厂模范工人蔡阿三的喜悦[N].文汇报,1952-6-27.
② 沪西区各厂先进工作者一百余户昨续迁入曹杨新村[N].文汇报,1952-6-27.

宜人,宽阔平整的兰溪路两旁,种植着榉树和汉桐,人行道旁铺着绿草。房屋的间距有 10—15 米,非常宽敞。每百户至 200 户自成为一组,中间空出四五亩地,安置跷跷板、滑梯等玩具,可供孩子们玩耍。在不适宜建筑的空地、小河的两岸都种上了柳杉、刺柏、黄杨等树木,桂花、绣球花、天门冬等成为住宅区内的"绿带"。住宅区内的每幢建筑内部宽敞,阳光充足,空气流通。业余时间除了散步外,工人们还可以来曹杨新村文化馆的阅览室、简易剧场读书,开展文娱活动,或者参加曹杨新村业余学校的学习,提高文化水平。

　　入住曹杨新村,解除了新村工人的后顾之忧。为了方便曹杨新村工人上下班和住户的日常交通,专辟了直达市区长寿路大自鸣钟的 56 路公共汽车(见图 6-9),并加固了该路公交车必经的三官堂桥。同时,党和政府在这里设立了曹杨新村第一幼儿园和小学,招收工人们的孩子入园、入学。孩子们的生活已经和从前大不相同了。他们不再因为无人照顾,常在家中吵闹,或在马路上打架,而是过着有规律、有教养的生活。孩子们在幼儿园可以听教养员给他们讲故事,也可以自己讲故事、猜谜语、看图说话,可以学画画、剪贴、泥工和缝纫等,可以学唱歌、学舞蹈、欣赏音乐,也可以开展游戏、体育锻炼等。午饭后到下午两点前是孩子们的午睡时间。接着,是户外活动。孩子们在篱笆围着的运动场上,玩着大风车、大转

图 6-9　56 路公交车

椅、攀登架、摇荡船、独木桥、跷跷板、滑梯、木马、皮球等。在这里,孩子们的歌声和笑声是不断的。孩子们上下午吃的点心,每天更换,有面条、豆浆、赤豆粥、饼干、菜粥、枣子粥等。看着孩子们三五成群地在那里转啊、跳啊、笑啊、唱啊,在篱笆外围观的工人也都笑得合不拢嘴。一位母亲说:"我的 7 个孩子,不要说进学校读书,不生大病就算好运气了。我的 4 个孩子,就这么死在那草棚里。现在,我们工人靠了共产党翻身了,看看我们住的曹杨新村,有多么好!我们的孩子进了幼儿园,这不要说我高兴得了不得,就是我们那些没有孩子的邻居,也

都喜欢得连声谢毛主席呢!"①有人说:"这些小孩白相(玩)的东西,从前有钱人家的小囡才能白相,穷人家的小囡看也看不到的。现在靠了共产党,我们的小囡也享福了!"②在老师们的循循善诱下,孩子们进幼儿园虽然只有一个多月,但已慢慢改正了原先不良的生活习惯,懂得了爱清洁、讲礼貌。他们学会了唱歌,回家后唱给大人们听,让家长们舒缓一天的疲劳;有的还教育家里的老人不要蒙被子睡觉,告诉老人这是不卫生的、要生毛病的。孩子们的变化,让家长们感到十分欣慰和感动。

入住曹杨新村,新村居民在享受新房带来的幸福的同时,积极参加新村建设,营造团结互助、和睦友爱的邻里关系。不少新村居民是工作在同一家工厂的同事,谁家有事出去只要打声招呼;一旦下雨,晒出去的衣服、被子,邻居就会帮忙收起来;谁家做了水饺,包了馄饨、粽子、汤圆,都会与邻居分享。各家的小孩子们在一起玩,很开心。邻居间互谦互让,相互帮助,关系如亲人般,相处舒适。

生活的改善、和睦的邻里关系、政治觉悟的提高,调动并提高了新村工人的生产积极性。国营二机厂的陆阿狗、黄梅狗是两个先进小组的工人。过去两个小组的人虽在一个工厂里做生活,但车间里红灯一亮,便各自回家;碰到要商量一些事情,非得第二天到厂里来谈,十分不方便。现在陆阿狗、黄梅狗两个人都住进了曹杨新村,碰到有事商量,两分钟的路程就能碰面。为解决两个小组存在的劳动组织调配不妥当、工作脱节等问题,陆阿狗、黄梅狗讨论了两小组合并的问题。之后,两人所在的小组顺利合并,名称为陆阿狗小组。调整过劳动组织后,生产上的分工合作更加紧凑,提高了产量。永安三厂模范工人梁少芬带着一家老小迁入新居后兴奋地说:"以前工人被人家看不起,今天本厂工人兄弟把我们从里弄里敲锣打鼓一直欢送到新村,我们感到太光荣了。过去,我虽然到青岛学习过郝建秀工作法,但我的技术还是很差的,今后一定学好技术,加紧生产,为祖国创造更多财富。"入住曹杨新村的蔡阿三准备把母亲从乡下接出来带孩子,让妻子去工作。他表示:"生产长一寸,福利长一分。咱们要努力干活,让工人们都能住洋房。"入住曹杨新村十七号、十八号的工人在房门上,贴了两副对联,上面写着:"劳动人最光荣,生产上称英雄""住上新村,不忘毛主席;加紧生产,支援志愿军"。这两副对联生动表明了入住新村的工人们对党和政府的感恩的心情,以及用自己加倍的努力生产来报答的热情和决心③。

---

① 崔景泰.幸福的童年——记曹杨新村第一幼儿园[N].文汇报,1952-12-26.
② 崔景泰.幸福的童年——记曹杨新村第一幼儿园[N].文汇报,1952-12-26.
③ 从棚户到洋房——记申新二厂模范工人蔡阿三的喜悦[N].文汇报,1952-6-27.

新村整齐排列的住宅、宜人的环境,吸引了众多的上海市民纷纷前来参观。相比棚户和石库门旧式里弄房,这里的房子既漂亮又结实,还设计得好。地基是水门汀磨平的,每层有三个大房间、二个小房间,有洗衣服的地方、抽水马桶、厨房、洗菜的水盆,还有防下水道堵塞的滤水器。底层边门出去有小花园,可以养花,可以晒衣。房屋周边的道路有干线、支线和里弄线。这里有整个污水管、雨水管的沟渠系统,有防洪基站,有污水处理池,有水泥桥、木桥、涵洞。这里还有自来水管、电灯设备,有疏浚河道工程,有花圃绿地,有合作社、学校、公共浴室、公共厕所、熟水店、体育场、小菜场……市民们通过参观,对市各界人民代表会议决议中说的"市政建设为工人阶级服务"有了深切的体会。他们从心底里增进了对党和政府的信心,看到了光明前途。相信只要加紧努力,自己的幸福生活是会到来的。

曹杨新村也吸引了许多外国友人慕名而来。当时在这里,工人们接待过来自波兰、德国、古巴、巴基斯坦、捷克、斯洛伐克、罗马尼亚、印度、缅甸、斯里兰卡、加拿大、日本、马来西亚、泰国、美国、越南、苏联等国代表团的参观访问。它成为世界各国了解上海、了解新中国工人新村生活的重要窗口,增进了中国人民与世界各国人民的友谊。波兰建筑师代表团感叹说:"这里的房屋设计得很好,我们看了许多新村,要数这里最好。"①美国代表团的一位代表看完曹杨新村学校的设备后,激动地向代表团团长说:"你看到过我们的国家,为工人的孩子建设过这样的完美设备吗?"②与此同时,曹杨新村也是海外华侨了解新中国变化的重要窗口。华侨实业家陈嘉庚参观后,曾写信给政务院总理周恩来,说:"其优待工人之建设,可谓现代化矣!……工人地位既已提高,此后待遇生活必较优于过去,当不在商贾职员之下。"③

2. 曹杨新村成为名副其实的"工人之城"

黄坚:曹杨新村是上海也是全国第一个工人新村。它的建成,体现了党和人民政府为人民服务的执政理念,开启了 20 世纪五六十年代建设工人新村的步伐;它的建成,是工人阶级翻身当家作主的标志,是工人阶级实现"居者有其屋"梦想的起点,增强了工人阶级对党和政府的信任,调动了工人群众生产的积极性和主动性;它的建成,发挥了示范作用,有力地推动了上海乃至全国工人住宅的建造及工人住宿问题的解决。

①　中共上海市委党史研究室.上海工人新村建设研究[M].上海:上海书店出版社,2021:52.
②　蔡平.和平代表在曹杨新村[N].文汇报,1952-10-31.
③　《上海住宅建设志》编纂委员会.上海住宅建设志[M].上海:上海社会科学院出版社,1998:145.

　　在曹杨新村竣工的 1952 年 4 月,天津开工建设第一批 1 万间的"工人新村";
5 月 15 日,北京第一批计划建造的 1.5 万间工人宿舍在 17 个工地开始施工;6 月,武
汉准备动工修筑工人住房;随后无锡开始了可住 2 200 户的第一期工房的建造。与
此同时,上海市政府召开市长办公会议,也决定当年兴建"二万户"工人住宅(见
图 6-10),作为今后更大规模地建造工人住宅的开端。

图 6-10　鞍山新村的"二万户"原貌

　　兴建"二万户"住宅的计划很快得到华东军政委员会的批准,并指示成立"上海
市工人住宅建筑委员会",由华东军政委员会副主席曾山担任主任委员,负责统一规
划全市工房建筑的各项工作。该委员会成立后,立即邀请了上海各有关单位,连续
举行多次会议,详细地研究、讨论选择用地、规划地盘、设计房屋式样等问题,进行各
项规划和筹备工作。在选择工人住宅基地时可谓费尽心思,既要使住宅和工厂间有
适当距离,以避免生产过程中产生的烟尘、噪声的侵扰,又要照顾工人每天上下班的
便利。同时,住房基地的选择,又必须和市政建设将来发展的总方向配合。经反复
讨论,数次实地查勘 12 处地方,并经曾山主任、方毅副主任等亲自踏勘后,最后确定
了分布在沪东、沪西、沪北和沪南地区的 9 处工房建设基地,占地 2.667 平方千米。
基地核定后,该委员会会同市政府建设委员会等机关,依据工房草图式样和地形图,

进行地块的规划，并按经济、合用的原则，计划房屋的排列、公共建筑的分布、园林绿带的布置等。在设计过程中，广泛征求工人们的意见，并吸取曹杨新村的建筑经验，使住宅的建筑真正符合"坚固、合用、经济、迅速"的原则。

1952 年 8 月 15 日，"二万户"住宅建设工程全面动工。"该项工程包括房屋两千幢，合建筑面积 546 000[平]方米，公共建筑 105 所，共需材料 50 余万吨。"[①]这是上海建筑史上一项巨大的工程，相当于在 9 个月内建造一座 10 万人的城市。

经过近一年的建设，"二万户"住宅建设工程 18 个工人新村竣工，分布在杨浦、普陀、长宁、徐汇等区，有长白一村、二村，控江一村、二村，凤城新村（后更名为凤城一村），鞍山一村、二村，甘泉一村、二村、三村，曹杨二村、三村、四村、五村、六村，天山新村（后更名为天山一村），日晖新村（后更名日晖一村）。原 1 002 户所在地定名为曹杨一村。入住"二万户"的主要是华东纺织管理局和华东工业部所属上海纺织、五金、化工工厂的工人 13 580 户，地方国营工厂和私营工厂工人 4 700 多户，建筑工人和市政工人 1 500 多户。到 1953 年 9 月 28 日前，近 10 万工人及其家属搬入了新居。[②]

时间推进到 1953 年，原来被田野包围的曹杨新村的面貌发生了很大的变化，它已经与附近整批新造的房屋毗连在一起。新建的 4 000 户的住宅式样经过了改进，每户人家房屋的使用面积宽敞，每 10 户中有 4 户能分配到两个房间，房屋是木料立柱砖墙建筑，房屋的后半部是平屋。这样既节省材料，又很实用。新建的 4 000 户住宅区有雨水道和污水道两套各成系统的完善的下水道。曹杨新村由 1 个村扩充到 6 个村，5 000 多户居民，形成了占地千亩、容纳近 3 万人的"工人之城"（见图 6-11）。当时，新华社发

图 6-11　曹杨新村成为"工人之城"

---

① 中共上海市委党史研究室，上海市档案馆.上海市党代会、人代会文件选编（下册）[M].北京：中共党史出版社，2009：242.
② 《上海住宅建设志》编纂委员会.上海住宅建设志[M].上海：上海社会科学院出版社，1998：148.

布新闻称:"曹杨新村目前已成为新中国第一座工人住宅城市。"①这里除 700 多幢房屋外,还有托儿所、中小学校、公园、文化馆、电影院、运动场、邮亭、浴室、合作社、商店、银行、小菜场、卫生所等建筑。

在兴建大批工人住宅的同时,上海继续展开改善劳动人民居住环境和条件的工作。1952 年,上海对居住条件较恶劣的 77 处棚户区进行埋管铺路,并配合设置路灯、给水站、垃圾箱、公厕等。同时,疏浚了黄浦江与苏州河,基本完成了新建梵皇渡路(今万航渡路)镇宁路沟渠及唧站工程,蕰藻浜桥及长寿桥。这些工程完成后,受益面积约 700 万平方米,受益人口约 50 万。

1951 至 1952 年,上海投资 6 121 万元,兴建了"一千零二户"和"二万户"工人住宅,总建筑面积达 64.5 万平方米。其间,有些企业投资建造了 22 个住宅新村。1953 至 1958 年,上海共投资 29 122 万元,在已辟基地扩建外,还新辟大连、玉田、凤南、广灵、柳营、沪太、宜川、真如、普陀、光新、金沙、东安、虹桥、崞山、乳山等 25 个住宅建设基地,并指定天钥、龙山等建设基地,供企事业单位自建住宅。6 年内共新建住宅 432 万平方米、161 个工人新村。到 1958 年底,全市环绕市区边缘建造大小新村 201 个,近 60 万工人及其家属由原来居住的草棚、阁楼和小木船搬入了新居。② 1959 年起,新建住宅的重点转向卫星城和新市区城郊接合部。20 世纪 60 年代,市区新建住宅主要是结合棚户区的改造和市容整顿进行。至 1978 年,全市共建成 220 个新村。其中著名的有 20 世纪 50 年代建造的曹杨新村、60 年代拆除蕃瓜弄棚户区建造的新村、70 年代首批建造的高层住宅小区徐汇新村等。

从曹杨一村到"二万户",再到 220 个新村,是社会主义革命和建设时期,中共上海市委和上海市人民政府践行为生产、为劳动人民、为工人阶级服务建设方针的鲜明轨迹,承载并实现了上海人民对"居者有其屋"美好幸福生活的梦想。工人们在圆梦的同时,真正体会到了自己是国家的主人,生产积极性和主动性得到空前的提高,全身心地投入技术革新和技术革命运动中,投入增产节约运动中,不仅粉碎了美帝和国民党实行空中轰炸和海上封锁、扼杀新政权的企图,迅速恢复了国民经济,而且把上海建设成为中国先进的工业和科学技术基地,为实现我国的工业化、提高我国的综合国力做出了应有的贡献。

---

① 曹杨新村已成为新中国第一座工人住宅城市[N].文汇报,1953 - 04 - 11.
② 《上海住宅建设志》编纂委员会.上海住宅建设志[M].上海:上海社会科学院出版社,1998:142 - 143.

3. 曹杨新村建筑及环境的历史文化价值

王萌：距 1952 年曹杨一村的建成已经 69 年了，这里是上海解放后兴建的第一个工人新村，也是全国第一个工人新村。除了这些，让居民们自豪的，还有曹杨新村一个个的"第一"：全市第一家工人新村商业网点，全市第一个新村室内菜场——兰溪路上的铁路菜场，全市第一所工人新村小学，以及全市第一个工人新村卫生所等。粗略罗列一下，新村的"第一"就有近 20 个。

1962 年，曹杨一村进行了扩建一层的改建，就是我们现在看到的样子（见图 6-12）。新增墙体材料升级为更好的粉煤灰砖，新增了第三层。设计人均居住面积在 4 平方米上下。但大部分房屋仍是二层。三层房屋只占到总数量的 8%。

图 6-12　曹杨一村改建后的面貌

我们可以看到，经过近 70 年，曹杨一村的建筑仍然保留了它最初的风貌。白墙壁、红色脊瓦屋顶，屋顶有烟囱，单元入口是木质雨篷，门窗为木质绿漆。山墙窗用混凝土镂空，中式纹样设计。每栋住宅基本是朝南或东南向，顺应河道与道路走向，由阶梯形向扇形变换打开。整体的建筑外部空间环境也富有变化和层次（见图 6-13）。

从我们刚才在村史馆看到的规划方案图来看，新村在设计的手法上和环境的营造上都是非常成功的，建成后也得到了很高的评价。日本建筑评论家斋藤和夫曾称

图 6‐13　曹杨一村鸟瞰

赞,新村是"一种漂亮、潇洒的西欧风格"。这种风格到近 70 年后的今天也是不落伍的。

　　曹杨新村作为众所周知的工人新村,相信很多同学还不知道它有另一重"身份",就是上海优秀历史建筑。早在 2004 年,曹杨一村就被评选为上海市第四批优秀历史建筑了。那么什么是上海优秀历史建筑呢? 根据《上海市优秀历史建筑和历史风貌保护条例(草案)》,上海优秀历史建筑是上海历史风貌保护的价值精华和核心要素,有单体建筑,也有些建筑可能单体价值并不突出,但对地区历史文脉传承和空间肌理、风貌保持都有着重要的作用和意义的片区。只有保护好这些区域和建筑单体,上海文脉才能延续,历史风貌才能保持。这些单体和区域的保护规划,在上海的规土部门有专门的机构来进行制定和管理。2016 年,中国文物学会和中国建筑学会联合公布了首批"中国 20 世纪建筑遗产",曹杨新村同样在名录中。

　　"上海优秀历史建筑""中国 20 世纪建筑遗产",是曹杨新村建筑及环境的历史文化价值。曹杨新村和北京的百万庄一起,可以说是中国"邻里单位"规划理念下的一南一北两个典范。经过 60 多年的加建、扩建和改建,如今我们眼前的曹杨新村社区,占地 2.14 平方千米,住户约 3.3 万户,居民约 10 万人,是一个拥有优质教育、医疗、文化、科技、环境和交通等资源的大型成熟社区。老一辈曹杨人都知道,在这里

图 6 - 14　曹杨一村优秀历史建筑铭牌

生活特别方便。经过 70 多年的城市发展,如今的曹杨地区已经是中环内的城市核心区域了。这或许是当时新村的设计者汪定曾先生不曾预料到的。

(五) 建造曹杨新村的历史启迪

刘严宁: 走进历史建筑,讲述党史故事。曹杨新村的历史是一部新上海发展史,也是一部浓缩的新中国史。回顾近 70 年的沧桑岁月,在历史与现实的交错中,体会"人民城市人民建,人民城市为人民"的重要理念,感受中国共产党人为人民谋幸福的初心使命。

第一,没有中国共产党就没有新中国,就没有工人阶级和劳动人民的安居梦的实现。在审美意义上,曹杨新村无法与 20 世纪三四十年代上海租界中的那些经典民居相提并论。但曹杨新村作为全国第一个工人新村,它的建成及后来一大批工人新村的建设,使得工人阶级的居住条件有了根本性的改善。曹杨新村的规划、建设、分配和入住,是工人阶级和劳动人民翻身成为国家主人的生动写照,是新中国工人阶级政治地位的生动体现。

第二,要用历史的眼光看待曹杨新村,看待新中国 70 多年的发展。中国特色社会主义已经进入了新时代,中国已经成为世界第二大经济体,我国社会主要矛盾已经转化为人民日益增长的美好生活需要和不平衡不充分的发展之间的矛盾。用今天的眼光来看,曹杨新村的房屋居住面积、厨卫设施似乎很简陋了,远远不能满足当前人民群众对住房的新要求、对美好生活的新需要了。但相对于当时中国劳动群众的整体居住状况,曹杨新村那些绿树掩映中的小楼,是工人阶级过去想都不敢想的豪宅。合作社、澡堂、邮局、银行、文化馆、医院、学校、幼儿园、菜场、影院、公交站等生活配套设施完善，使得工人阶级和劳动人民过上了便捷、舒适、体面的幸福生活。我们只有用历史的眼光、发展的眼光看待，才能理解曹杨新村的历史价值和历史意义。

第三，坚持走中国特色社会主义道路，是改善人民生活条件，提升生活水平的必由之路。新中国成立之初，上海人均住房面积仅 3 平方米；截至 2019 年底，上海城镇居民人均住房建筑面积达到 37.2 平方米。其间，随着城市的快速发展和人民生活需要的不断提高，以"二万户"为代表的工人新村逐渐完成了自己的历史使命，并为一批现代化的多层和高层建筑所更迭、替代。同时，作为上海市优秀历史建筑的曹杨一村的旧房成套改造项目正在有序推进。我们深信，不久的将来，曹杨一村将以更加宜居、更加亮丽的形象回归。曹杨新村必将在新时代焕发出新的生机和活力，新村居民的生活会更加幸福、美好。

70 多年来，在市委和市政府的领导下，上海广大工人阶级和劳动人民实现了从无立锥之地到居者有其屋，再到住得宽敞、住得舒心的历史性变化。这正是党和政府与时俱进、满足人民对美好生活需要的具体举措，也正是中国共产党人为人民谋幸福、为民族谋复兴初心使命的生动体现与真实写照。我们坚信，在中国共产党的坚强领导下，贯彻以人民为中心的思想，把人民对美好生活的向往作为我们的奋斗目标，积极推进高质量发展，让人民共享发展成果、感受生活幸福、迸发创造伟力，中华民族伟大复兴的中国梦一定能够实现，人民的生活一定会更加美好！

三、拓展阅读：曹杨新村 60 年[①]

六十年一甲子。当年的小姑娘唐招娣因为母亲是工厂先进工作者，作为首批居民住进曹杨一村；如今她已 71 岁，成了阿婆。一家四代都住在这里的她，习惯在散步的时候，眯着眼细细打量自己"老有感情"的这个家园，并常常"会发现不经意的小变化、小惊喜"。

有这种感觉的当然不止唐招娣。曹杨新村 1951 年 5 月奠基，入住的首批 1 002 户居民，多为劳动模范和先进工人。从始建时的 1 个村，已发展到 9 个村，总共 3.2 万户居民。60 年过去，新村里的居民，不少依然是当年的老住户。

---

① 栾吟之，周楠.曹杨新村 60 年.光荣与梦想［N］.解放日报，2011－04－29（05）.

普通的暖春午后,阳光金子般洒落在那一幢幢整齐的三层小楼上,红的顶,白的墙,绿色的梧桐……和记者一起走在曹杨一村的小区里,曹杨新村街道源园居委会干部孙雅芬一路带着笑,一路指引。

经过一块上百平方米的社区居民健身场,这里的健身器材有几十种。她说:"这是不久前政府投入改造完毕的,你要是傍晚过来,还热闹呢!"

来到居民家中,只见8平方米的厨房,被装修得崭新亮堂。防水地坪,3个全新燃气灶,3个不锈钢水槽,清一色淡蓝的橱柜。她说:"这是正在进行的'厨房间革命'。只要合用厨房的3家人点头,政府就出资,帮居民进行厨房改造。"

"杨富珍、陆阿狗这些劳模,当年都是我邻居!"唐招娣说。首批搬进工人新村的有114名劳模。90岁的"老劳模"邵森和爱人王莲珠,就住曹杨一村172号。"我们对这里感情很深。"邵老当年在被服厂当划样工,家住澳门路的老房子里。夫妇带3个孩子每晚挤一张床。因为表现出色,他和单位里12名工人一起,成为首批入住工人新村的居民。"1952年党的生日那天,我搬进工人新村。屋里和过道里滑溜溜的红漆地板,比桌子还好看,我差点滑一跤!"老人越讲越来劲,"当年毛主席鼓励我们努力工作,我们一直想着要对国家负责,信奉'劳动创造财富'。我做到75岁才退休,有时废寝忘食到家也顾不上"。

如今,也有越来越多迫切希望改善居住环境的居民打开思路。有的开始考虑申请廉租房,有的搬出小区和子女同住,还有的计划购买较新的二手房。改革开放以来,上海高度重视工人新村宜居建设,投入巨资全面改造,老百姓形象地称为"穿新衣、戴新帽、换内胆"。时代走到今天,在一座多元文化交融的大城市里,越来越多"有故事的老小区"被纳入保护。面对历史文脉留存与居民生活改善的客观矛盾,如何找出统筹兼顾的科学发展之道,不仅是曹杨新村这个极具特殊意义的城市记忆,所遇到的新挑战与新梦想,也在无可回避地叩问我们的城市智慧。

参考文献

[1] 汪定曾.上海曹杨新村住宅区的规划设计[J].建筑学报,1956(2).

[2] 张仲清.美丽的曹杨新村[M].上海:上海教育出版社,1960.

[3] 《上海工运志》编纂委员会.上海工运志[M].上海:上海社会科学院出版社,1997.

[4] 《上海住宅建设志》编纂委员会.上海住宅建设志[M].上海:上海社会科学院出版社,1998.

[5] 中共上海市委党史研究室.峥嵘岁月(1949—1978)[M].上海:上海科学普及出版社,2002.

[6] 袁进,丁云亮,王有富.身份建构与物质生活:20世纪50年代上海工人的社会文化生活[M].上海:上海书店出版社,2008.

[7] 宋钻友,张秀莉,张生.上海工人生活研究(1843—1949)[M].上海：上海辞书出版社,2011.

[8] 齐文.空间,场所与认同——我国 20 世纪 50、60 年代的工人新村[D].北京：中国美术学院,2017.

[9] 管新生.工人新村：上海的另一种叙事记忆[M].北京：中国工人出版社,2019.

[10] 中共上海市委党史研究室.上海工人新村建设研究[M].上海：上海书店出版社,2021.

第七讲　练塘古镇走出的"共和国掌柜"

在上海西郊的青浦区练塘镇,坐落着陈云故居。110多年前,陈云在这里出生,并成长到14岁。离陈云故居不远处,是"陈云纪念馆暨青浦革命历史纪念馆"及东乡、西乡两个革命烈士陵园。这里既是江南文化的重镇,也是乡土文明和城市文明的交会点。这种独特的地缘文化,塑造了陈云处事谨慎、考虑周全、睿智从容、心怀坦荡、胸怀天下的气概,铸就了陈云作为"共和国经济掌门人"的独特气质和实事求是的优良作风。

本讲问题

1. 为什么说练塘古镇是江南文化、海派文化的交会之地?
2. 地缘因素对陈云的精神世界、处事风格和治国理念产生了什么样的影响?
3. 陈云纪念馆的建筑风格如何体现出陈云倡导的"稳定、平衡"和按比例发展的理念?
4. 哪些事例反映出陈云实事求是的优良作风?

一、江南文化的重镇和陈云故居里的故事

课程导入

兰宇新(上海城建职业学院马克思主义学院教师):今天我们来到了位于青浦区练塘镇的"陈云纪念馆暨青浦革命历史纪念馆",简称陈云纪念馆。陈云纪念馆既是国家一级博物馆,又是全国爱国主义教育示范基地、全国廉政教育基地和全国红色旅游经典景区。离这里不远处,还坐落着东乡、西乡两个革命烈士陵园,是青浦区重要的烈士纪念场所和红色文化教育基地。

(一) 江南文化的重镇

1. 东、西乡革命烈士陵园

兰宇新:1945年4月,淞沪支队衡山大队转战至泖河以西的大蒸荡,打开了章

蒸(练塘、小蒸)地区的抗日局面。5月2日,得知练塘镇上30多名日寇到荡南夏家浜村抢粮烧房,淞沪支队衡山大队选择日军的必经之路——小蒸庄前港村作为伏击点与日寇战斗,并取得胜利。大队参谋长奚长生和4名战士在这次战斗中牺牲。烈士的遗体就地安葬。墓区内还安葬着土地革命战争时期、全民族抗日战争时期、解放战争时期以及社会主义革命和建设时期(包括抗美援朝)牺牲的青浦西乡籍烈士以及在青浦西乡为新中国诞生而牺牲的外籍烈士。陈云同志的手迹"革命烈士永垂不朽"位于陈列室的正中央,彰显了党和政府对革命烈士褒扬工作的一贯重视,说明了人民群众对革命烈士的永恒怀念。

1938年,青东抗日民主政府以400银圆在火烧庙购置了6 670平方米土地,安葬在沈泾塘战斗中英勇献身烈士的遗骨。1999年,政府征地4 000平方米,将分散安葬在青东地区的烈士遗骨迁入墓区,墓区更名为"青浦东乡革命烈士陵园"。墓区长眠着在抗日战争、解放战争时期和新中国成立后土改剿匪、抗美援朝、抗洪救灾、对越自卫反击战和在国防、经济建设中以身殉职烈士的英灵。下面,我们就以陈云故居和陈云纪念馆为重点,为大家介绍陈云同志为党和人民所做出的杰出贡献。

陈云先后是以毛泽东同志为核心的党的第一代中央领导集体、以邓小平同志为核心的党的第二代中央领导集体的重要成员,是改革开放初期中央决策层中起关键作用的人物,是新中国社会主义经济建设的开创者和奠基人之一。第七讲的主题是"陈云与中国社会主义经济建设",首先欢迎今天的两位主讲专家:上海高校思政课教学指导委员会委员、上海商学院马克思主义学院陈志强教授,我校建筑与环境艺术学院张雪松老师。两位专家将从各自专业的视角分别向我们讲述练塘镇的建筑风格和文化底蕴。

首先有请张雪松老师对练塘古镇做简要介绍。

2. 练塘古镇的建筑风格

张雪松(上海城建职业学院建筑与环境艺术学院教师):"江南好,风景旧曾谙。日出江花红胜火,春来江水绿如蓝。能不忆江南?"这首词,总是把人们的思绪牵到风景如画的江南。江南自古就享有"人间天堂"之美誉。这里河湖交错,水网纵横,小桥流水,古镇小城,田园村舍,如诗如画。

江南水乡地处长江三角洲以及太湖水网地区,气候温和,雨量充沛,因此形成了以水运为主的交通体系。居民的生产生活依赖着水,这种自然的环境和功能的需求,塑造了极富韵味的江南水乡民居的风貌和特色。

建筑是人创造的,而建筑又不断地反作用于人本身,对人的情感、思想产生巨大的影响。环境的外延广大,包括自然环境、社会环境和人文环境,而建筑本身就是一种环境。在人类发展过程中,环境不断对人类提出要求,建筑也在改造环境的过程中影响着人们的种种行为,人类行为也不断地改变着周围环境。总之,人、建筑与环境是三位一体的大系统,之间紧密联系、相互影响、相互作用。

承载着陈云同志一生伟大和光辉印记的陈云故居位于上海市青浦区练塘镇。研究陈云同志的思想来源离不开对陈云成长环境的介绍,今天我们在此跟随着建筑与环境的介绍走进陈云同志独特的精神世界。

陈云故居是经中央批准建立的全国唯一系统展示陈云生平业绩的纪念馆。陈云纪念馆是在"陈云故居"和原"青浦革命历史陈列馆"的基础上改扩建而成的。在陈云同志 95 周年诞辰之际,即 2000 年 6 月 6 日开馆,江泽民同志题写了馆名。

练塘镇位于上海西南(见图 7-1),地处沪、浙交界处,东与松江区石湖荡镇毗邻,北与朱家角镇相接,西与浙江嘉善县丁栅镇毗邻,南与金山区枫泾镇毗邻。

图 7-1 江南水乡练塘古镇

练塘镇又称章练塘,春秋时属吴,战国时越灭吴,属越;后楚灭越,为楚春申君封地。练塘镇境内河道纵横,湖泊星罗棋布,是上海市湖泊分布最集中的地区之一。2010 年获住房和城乡建设部、国家文物局授予第五批"中国历史文化名镇"荣誉称号。

练塘镇是典型的江南水乡村镇,一条狭窄的主街蜿蜒悠长,麻石板铺砌的路面,像一行行深刻着岁月的年轮,带着沧桑岁月的厚重,孕育着一代又一代的居民。市河宛如一条飘带,从主街中心缓缓流过,两侧民居依水而建,错落有致,白墙、黑瓦优雅别致。中间几处石桥飞架在河的两岸,在迷蒙的烟雨中,好像饱经沧桑的老人,伫立在深邃、碧绿的蜿蜒小河上。白墙黛瓦,飞檐翘角,长街短巷,小桥流水,宛如一幅"小桥流水人家"的风景画(见图7-2),让人品不尽、看不够、道不完。

图7-2 江南水乡练塘古镇(张雪松 摄)

江南村镇有着悠久的历史和厚实的文化沉淀,加上自然环境独特,形成了不一般的水乡民俗风情。源远流长的吴文化,滋养着这方古老灵秀的水土。这里的乡情、习俗和风物,弥漫着江南水乡历史文化的古朴情调和醇浓韵味,也滋养了陈云同志独特的精神世界。

兰宇新:感谢张老师的精彩讲授,让我们领略了江南水乡的独特魅力。接下来我们请陈志强教授谈谈这种地缘文化对陈云独特的精神世界、处事风格和治世理念产生了什么样的影响。

陈志强（上海高校思政课教学指导委员会委员、上海商学院马克思主义学院教授）：在党内，陈云同志不仅是以毛泽东同志为核心的第一代中央领导集体的重要成员，也是以邓小平同志为核心的第二代中央领导集体的重要成员。同时具备这个条件的只有两人：邓小平与陈云。这里就是陈云的家乡。陈云不仅出生在这里，而且一直生活到 14 岁，所以这里就成了陈云故居——现在的陈云纪念馆。

陈云的一生纵贯中国革命、建设、改革三大历史时期，在党和国家的历史上占有重要地位，享有崇高声望。早在 1956 年 9 月，毛泽东就曾经赞扬他"比较公道、能干，比较稳当，他看问题有眼光"[①]。邓小平在 1980 年 12 月 25 日中共中央工作会议上对陈云的发言评价道："我完全同意陈云同志的讲话。这个讲话在一系列问题上正确地总结了我国 31 年来经济工作的经验教训，是我们今后长期的指导方针。"[②]"陈云同志是伟大的无产阶级革命家、政治家，杰出的马克思主义者，是中国社会主义经济建设的开创者和奠基人之一，党和国家久经考验的卓越领导人"[③]。习近平在纪念陈云同志诞辰 110 周年座谈会上高度评价了陈云为确立社会主义基本经济制度、建立独立的比较完整的工业体系和国民经济体系做了大量卓有成效的工作，为探索我国社会主义建设道路做出了杰出贡献。

历届党和国家领导人对陈云同志如此高的评价，不是偶然的。陈云具有独特的精神世界、处事风格和治世理念，这与他自幼成长的环境息息相关。陈云青少年时期是在江南水乡度过。这里既是江南文化的重镇，同时也是乡土文明和城市文明的交会点。传统是乡土文明的生命线，时尚是城市文明的制高点，从而使这里的人民世世代代养成了独特的文化和思想特质：民性聪慧、灵活而刚毅、坚韧；崇文尚贤，重视教育；重视实践理性，发展商品经济；重视实学，分工细密；注重物质生活，讲究物质享受；勇于挑战传统，张扬个性自由。

（二）陈云故居里的故事

1. 典型的清代江南民居

张雪松：陈云同志从小被舅父母收养。现在的陈云故居即陈云舅父母家。陈云故居为典型的清代江南民居（见图 7 - 3）。据史料记载，此处是陈云外祖父随太平军转战青浦一带，因安身定居之需而买下的。

[①] 中共中央文献研究室.毛泽东年谱(一九四九——一九七六)第二卷[M].北京：中央文献出版社,2013：625.

[②] 中共中央文献研究室.改革开放三十年重要文献选编(上)[M].北京：中央文献出版社,2008：162.

[③] 习近平.在纪念陈云同志诞辰 110 周年座谈会上的讲话[M].北京：人民出版社,2015：1.

图 7-3　陈云幼年的卧室(张雪松 摄)

江南民居一般以传统的"间"为基本单元,开间多为奇数,每间面阔一般3—4米。陈云故居平面由三进空间组成,为了节省空间,三进空间直接相连。

第一进为单层硬山屋顶,临下塘街开门,原为店面,先后用作裁缝铺和小酒店,室内平吊顶棚。陈云曾经在青浦县(现为上海青浦区)乙种商业学校学习两个月,学会了珠算和记账,并帮助舅父料理小酒店的生意。江南自古多经商,这简单的生意孕育了陈云同志之后的经济上的思想。

第二进为两层硬山小楼。楼上为陈云舅父母所居,楼下为陈云居住过的房间。陈云故居为砖木结构,为典型江南民居的穿斗式木结构,不用梁,而以柱直接承檩,外围砌编竹的抹灰墙。室内灰砖铺地,白墙粉刷,墙上悬挂着曾经用过斗笠蓑衣。室内一床、一桌、一椅,装饰简朴。

第三进为一个开敞的狭窄天井,墙中为典型的瓦片砌筑的漏窗。陈云就是在这里度过了贫寒的童年生活。1919年爆发的五四运动,唤起了少年陈云朴素的爱国情感,激励陈云同志走上了革命道路。

2.陈云贫寒的少年生活

陈志强: 陈云2岁丧父,4岁丧母,与年长他8岁的姐姐陈星,一起由外祖母带到舅父廖文光家生活。1911年,外祖母过世,廖文光依嘱将陈云立嗣为子,为其改名为廖陈云。

舅父早年在练塘以裁缝为业。朝真桥附近的这间屋子,同它隔河对望的是典当场。旧宅西侧是钱家槽行和拥有三五千亩地的大地主兼商业资本家吴开先家的四进院落;东侧是叶家祖屋、畅园书场、长春园书场和一条与市河相通的混堂浜。当时由于江南地区商业发达,船只往来便利,小小练塘镇上不但出现了新式学校、电灯泡厂,也出现了大量商人。陈云自小在舅父家长大,同时也观察着周围的一切,接触到了不少商业知识。

　　因为生意清淡,廖文光在 1911 年后决定放弃裁缝生意,在铺面开个小店,到晚上卖些小菜、点心,给生意人和听评弹的顾客提供夜宵。每晚的收入几角到三四元,不过能赚二分利。这也成了陈云学习人情世故的一个窗口。每每在舅父的小店帮着料理杂务,陈云都能通过客人的闲谈了解外界的事情。闲暇时,他还会跟着舅父去离家只有 30 多米的长春园书场听评弹,因此养成了终身喜听评弹的习惯。

　　虽然家境窘困,但聪敏的陈云得到了舅父母的关爱。8 岁时,他被送到镇上私塾接受启蒙教育。1914 年,又到镇上的贻善小学读书。1917 年,陈云乘舟北上,到青浦县城乙种商业学校学习珠算和记账。尽管他很快掌握了珠算知识,但一个月后就因贫辍学。所幸舅父小店的常客中,有一位客人是章练塘公立颜安国民小学校的第一任校长。看到瘦弱的陈云在灶前烧火,发现这个少年谈吐流利、记忆力强后,校长马上和廖文光商量,免费保荐陈云入颜安小学高小部读书。

　　在颜安小学,陈云遇到了改变他一生命运的恩师张行恭。1919 年五四运动爆发,在张行恭老师的带领下,陈云和同学参加了罢课斗争。随后整个小镇响应罢市。经过此事洗礼,陈云开始懂得了更多国家大事。但这年夏天,从颜安小学毕业后,陈云又因家贫无力继续升学了。

　　1919 年秋季开学后,张行恭在家访中了解到毕业生们或升学或就业,"独其最优秀的廖陈云同学,株守在家"后,顿起怜才之心。因为无力在经济上补助陈云,张行恭老师托自己在上海商务印书馆工作的二弟张子宏引荐陈云。1919 年 12 月 8 日,只有 14 岁的陈云在张行恭的带领下,离开家乡练塘,搭乘一叶小舟,经松江到达上海,开始在商务印书馆当学徒,从此翻开了他人生新的一页。

　　1919 年 12 月中旬,陈云来到位于棋盘街的商务印书馆总发行所(今河南中路211 号),在二楼北侧文具柜当学徒,月薪 3 元。自此他开始有能力接济舅父母。虽然个子矮小,要站在特制的木凳上才能顺利接待顾客,但陈云业务出色,当了两年学徒后,店方就决定破格提前一年升陈云为店员。利用在商务印书馆工作的便利,陈云如饥似渴地读书接受新知识,学习英文,练习毛笔字和打算盘。每天早上 6 点,他就起床离开上海老北站华兴路顺征里 7 号商务印书馆集体宿舍的东厢房,去闸北公园锻炼身体。一有时间他还学着拉胡琴、吹笛子,为了怕影响别人休息,就到晒台上去练习。

　　从当时的晒台望下去,20 世纪 20 年代的上海正值风起云涌。1921 年 7 月,中国共产党在上海成立。多年后,陈云的子女问他"为何父亲只有高小文化,却能有这么多的办法和经验"时,陈云回答,因为他从小在上海长大,上海是一个大城市,是金融、经济的中心,这个城市是怎么运转的,他从小耳濡目染。他所在的商务印书馆也是一个大企业,有工程师、工人、很多店员。商务印书馆的地下党力量很强,在那里陈云第一次读到《共产党宣言》,接触了革命的思想,使得他开始重新思考人生,并最终走上了革命的道路。

1925年,五卅运动在沪发生。受此影响,同年八九月间,商务印书馆职工举行大罢工。陈云参与并领导了这次罢工,被推举为该馆发行所罢工委员会委员长。就在罢工取得胜利后的几天,陈云由商务印书馆编译所编辑董亦湘、商务印书馆发行所的党员恽雨棠介绍,加入了中国共产党。

二、陈云纪念馆与陈云的治国理念

(一) 陈云纪念馆

张雪松: 陈云纪念馆北沿市河,南对西塘江,东临公路,西连学校,南北各长180米,占地面积约52亩(约34 666.67平方米),为一块较为规则的梯形用地,建设内容包括纪念馆主体建筑和附属设施两部分。纪念馆由铜像广场、主馆、陈云故居、陈云手迹碑廊等组成。

陈云纪念馆的总体规划及建筑设计由上海现代建筑设计集团有限公司、苏州市建筑设计研究院合作完成。

规划立足于继承江南水乡民居的建筑文脉,在寻求纪念建筑的特点与环境的和谐上做到得体有序,在大环境上侧重反映练塘镇的历史沿革,特别是陈云青少年时期的活动足迹,把陈云故居、纪念馆、家乡的市河、老街、宅坊、学校等有机联系起来,组成点、线、面结合的纪念景点与乡土风景旅游线。陈云的革命生涯由此开始,缓缓的小河,弯弯的石板小道,原汁原味的故居,朴素的黑瓦、白墙、木柱小屋,凹凸的青石拱桥构成了陈云纪念馆的主体格调。

陈云纪念馆主体建筑前为广场,正中设陈云同志铜像(见图7-4),广场两侧设长廊和水池,主体建筑周围种植苍松、翠柏,后方设青石铺地的小广场,陈云故居毗邻主体建筑。

主对称性是我国传统建筑最突出的特点之一。梁思成先生在其所著的《中国建筑史》中说,建筑"所最注重者,乃主要中线之成立",从单座房屋到建筑群体,乃至城市布局,都依严格的中轴线分布,呈现中轴线的特征。中国传统建筑所体现出来的

图7-4　陈云纪念馆的陈云铜像(张雪松 摄)

对称平衡,和中国传统文化中重辩证、重综合的思维方式是分不开的。中国人对平衡对称的偏好,在于其朴素的整体观念和力求统一的思维方式,既反映了我们祖先宏观把握世界的独具慧眼,也体现了我们思维的辩证性。陈云纪念馆主体建筑为二层结构,采用中轴严格对称布局。

比例是指整体与局部间存在着的合乎逻辑的、必要的关系。陈云故居主体建筑整体呈水平展开,比例平衡,尺度宜人。建筑的平衡比例也是中国传统儒家思想的体现。《中庸》有言,"中也者,天下之大本也;和也者,天下之达道也",首先要求天、地、人和谐发展。中庸是中国人的基本精神之一,后来演绎为不偏不倚、恰当适度之意。其次是要体现人与人之间的关系和等级制度。在建筑中体现的这种讲究平衡、讲究比例的思想同样体现在陈云同志的思想精神中。

陈云纪念馆的屋顶吸取民居建筑的特点,曲线坡屋面高低错落加以组合,形象庄重而朴实,且富于变化,层次分明,并与环境协调;立面则以色调朴实、沉稳的花岗岩石料为主,屋檐采用琉璃瓦装饰。整个建筑造型设计继承传统,但又并非简单的复古;既具有现代感,又融入地方历史文化的深刻内涵,达到形式与内容的完美统一。整座纪念馆用建筑语言反映出陈云个性,再现了陈云诞生和青少年时期的成长环境,充分体现了陈云一生平易近人、朴实、高洁的精神风貌。

(二) 陈云的治国理念

陈志强:陈云同志的治国理念突出表现在他的综合平衡和按比例协调发展的思想中。1950 年,陈云提出了"统一财经"思想。1954 年,他继而提出了"按比例发展"的"国力论"观点,提出了"稳定、平衡"的概念,后又提出了"统筹兼顾"的概念。党的十一届三中全会前后,他又提出了"宏观调控"的概念。

陈云的上述思想立足于新中国成立以来大规模、高度集中的、有计划的经济建设的实践基础,贯穿于陈云经济工作的整个历史阶段。下面分三个时期来论述:

第一个时期为萌芽时期(1949—1953)。其标志性事件是 1949 年上海财经会议的召开和 1950 年开始的统一财经工作的实践,最初主要针对财经领域,理论形式和内容还比较单一。陈云在这个时期提出了"五统一"的主张。中华人民共和国成立之初,陈云被任命为政务院副总理兼财政经济委员会主任。当时从国际背景看,以美国为首的西方阵营不甘心他们在中国大地上的失败,说什么共产党能够打天下,不能治天下,并对中国实行封锁、禁运、制裁,妄图把新中国扼杀在摇篮里。从国内背景看,上海的资本家不相信中国共产党有能力管好财经工作,当时流传着这样的说法——"共产党是军事 100 分,政治 80 分,财经打 0 分",并要在经济上同我们较量。1949 年下半年到 1950 年初这一期间,上海出现的金融风暴(倒卖银圆、黄金、美钞、抵制人民币流通等)和几次物价波动,就是这种较量的表现。

如何迅速、有效地渡过财政经济难关? 1949 年 7 月 27 日至 8 月 15 日,陈云在上海主持召开财经会议,就发行公债引起的通货紧缩等问题提出了运用"调剂通货""内部自由贸易""开展国内汇兑"等手段来"确保所预期的金融、物价保持良好的状态,保证粮食和其他重要物资的供应"。陈云的这一举措的成功实践为随后的统一财政政策铺平了道路。陈云认为,不论从支持全国解放战争的彻底胜利、从根本上克服财政经济困难方面,还是从增加财政收入、减少财政赤字、逐步实现市场物价稳定方面,都必须改变过去各个根据地、解放区分割和财经工作分散管理的格局,实行全国财经工作的统一管理。1950 年 3 月初,政务院发布了陈云亲自起草的《关于统一国家财政经济工作的决定》,同时,相应地做出了统一财政收支管理、统一仓库物资清理调配、统一公粮收支调度、统一国家机关现金管理、统一国营贸易实施办法等一系列具体规定。3 月 10 日,陈云又亲自为《人民日报》撰写了一篇题为《为什么要统一财政经济工作》的社论,全面阐述上述决定的主要内容和重要意义,具体说明这个决定对搞好财政经济的管理是一个极其重要的措施。指出财政情况的好坏,直接关联国家经济和人民生活。统一国家财经工作,不仅有利于克服今天的财政困难,也将为今后不失时机地进行经济建设创造必要的前提。统一财政政策是陈云综合平衡思想的最初形态和核心内容,是针对当时我国经济混乱状况下的一剂猛药。正是由于这剂猛药下得果断、及时、正确,仅用了短短半年的时间,即从 1949 年 10 月到 1950 年 3 月,新中国就实现了财政收支的基本平衡,并稳定了物价。毛泽东主席曾高度评价这一胜利,说它的意义不亚于淮海战役。

第二个时期为发展时期(1954—1957)。这个时期标志性事件是制订第一个"五年计划"和反对"冒进"。陈云提出了"平衡""稳定"和"统筹兼顾""按比例发展"的主张。财政统一促进了国民经济恢复任务的胜利完成,也为我国开始有计划的大规模经济建设提供了前提条件,陈云同志提出了"按比例发展"的新的综合平衡设想。到1952 年下半年,陈云及时地将工作重点转到第一个"五年计划"上来。他和周恩来、李富春等同志一起,主持了第一个"五年计划"的编制工作。1954 年 6 月 30 日,陈云向中共中央做了《关于第一个五年计划的几点说明》的汇报。汇报提出,要从我国的实际出发做好计划工作。他在讲了要注意处理好"农业与工业的比例""轻重工业之间的比例""重工业各部门之间的比例""工业发展与铁路运输之间的比例"之后,强调指出:"按比例发展的法则是必须遵守的,但各生产部门之间的具体比例,在各个国家,甚至一个国家的各个时期,都不会是相同的。……唯一的办法只有看是否平衡。合比例就是平衡的;平衡了,大体上也会是合比例的。"[1]"我国因为经济落后,要在短时期内赶上去,因此,计划中的平衡是一种紧张的平衡。……样样宽裕的平衡是不会有的,齐头并进是进不快的。但紧张决不能搞到平衡破裂的程度。"[2]这是陈云从我国实际情况出发对马克思主义计划经济学说的具体运用和发展。

从 1955 年开始,随着农业合作化运动和社会主义改造高潮的到来,一些地方出现了冒进的势头,陈云在这个时期提出了"平衡""稳定"发展的论点。此时担任中央经济工作五人小组组长的陈云,在 1957 年 1 月 18 日中央召开的各省、自治区、直辖市党委书记会议上发表了《建设规模要和国力相适应》的重要讲话。陈云在这篇重要讲话中,鲜明地提出了"建设规模的大小必须和国家的财力物力相适应。适应还

---

[1]　陈云.陈云文选(第二卷)[M].北京:人民出版社,1995:241-242.

[2]　陈云.陈云文选(第二卷)[M].北京:人民出版社,1995:242.

是不适应,这是经济稳定或不稳定的界限"①。他还提出了著名的财政、信贷、物资必须保持平衡的论点,亦即人们常说的"三大平衡"理论(后来他又提出外汇也要保持平衡,通称"四大平衡")。他还第一次提出了"正确处理建设中的'骨'和'肉'的关系"问题,指出我们过去重视了"骨头",忽视了"肉",今后要注意妥善解决。陈云同志的上述主张是马克思主义经济学与中国具体实际相结合的创造性应用和发展。

针对新中国成立初期各种经济成分并存的状况,陈云还提出了"统筹兼顾"的灵活的经济政策。这一政策肯定了私营企业的积极意义,"因为私营工厂可以帮助增加生产,私营商业可以帮助商品流通,同时可以帮助解决失业问题,对人民有好处"②。"我们要搞经济计划,如果只计划公营,而不把许多私营的生产计划在里头,全国的经济计划也无法进行。只有在 5 种经济成分统筹兼顾、各得其所的办法下面,才可以大家夹着走,搞新民主主义,将来进到社会主义。"③但他又对各种经济成分的地位和性质进行了区分,5 种经济成分的地位有所不同,是在国营经济领导下的统筹兼顾。随着社会主义实践的深入,这一思想不断丰富完善。1956 年,陈云在中共八大上提出了"三个主体,三个补充"的社会主义经济模式,即"工商业生产经营以国家经营和集体经营为主体、个体经营为补充,工农业生产以计划生产为主体、自由生产为补充,统一市场以国家市场为主体、自由市场为补充"的观点。这一观点直接体现了陈云对社会主义发展模式的探索和突破,科学地解决了所有制结构和生产形式单一化的问题。既坚持了科学社会主义基本原理,又符合当时的中国国情,是当今我国社会主义市场经济模式的最初萌芽,体现了陈云同志的协调发展观和平衡发展观,是在社会主义阵营矛盾加剧和西方资本主义国家经济封锁加强背景下,对社会主义发展模式多样化的最初探索。

第三个时期为成熟阶段("文化大革命"结束至 1992 年)。其标志性事件是陈云恢复工作和拨乱反正。这时他提出了"宏观调控"的概念、"计划经济和市场经济相结合"的观点和"对外开放"的观点。打倒"四人帮"以后,陈云同志恢复了在党中央的领导地位,担任国务院新成立的财政经济委员会主任。为了挽回"文化大革命"给我国经济社会造成的巨大损失,尽快扭转我国落后的经济面貌,摆脱斯大林模式给我国社会主义带来的负面影响,我国开始了思想上的拨乱反正和经济上的整顿调整。如果说新中国成立初期,为了恢复我国经济的正常运行和稳定我国的经济秩

① 陈云.陈云文选(第三卷)[M].北京:人民出版社,1995:52.
② 陈云.陈云文选(第二卷)[M].北京:人民出版社,1995:92.
③ 陈云.陈云文选(第二卷)[M].北京:人民出版社,1995:93.

序,加大宏观调控和计划经济的力度是十分必要的,实践证明也是切实可行和成果显著的,但随着我国经济规模的不断壮大和经济成分的不断复杂化,计划经济的缺陷越来越显露出来。从"文化大革命"结束开始,陈云根据历史发展的新情况,把关注点放在了社会主义和资本主义的两种制度关系上,主张研究当代资本主义,利用外资为我国经济建设服务,使我国在世界市场上占有有利的地位。

党的十一届三中全会以后,陈云把综合平衡思想扩充到更宽广的范围,提出了"宏观调控"的概念。他总结了国内外社会主义经济发展的历史经验,率先批评过去计划工作"高度集中"的弊端,指出计划经济除了要遵循"有计划按比例"发展外,还必须与市场调节相结合。在这个时期,陈云同志提出了在社会主义时期必须有两种经济,即计划经济部分(有计划按比例的部分)和市场调节部分(根据市场供求的变化进行生产),"计划是宏观调控的主要依据。搞好宏观控制,才有利于搞活微观,做到活而不乱"[1]。"在改革中,不能丢掉有计划按比例发展经济这一条,否则整个国民经济就会乱套"[2]。从"文化大革命"结束到改革开放初期这一阶段,陈云的综合平衡理论逐渐明晰化为"计划经济为主,市场调节为辅"这一核心命题。虽然这一命题在当时没有突破计划经济本体论的范围,但为以后我党制定"有计划的商品经济"以及"计划经济与市场调节相结合"的理论定位奠定了基础。

从理论的内在逻辑发展脉络看,陈云的思维是开放式的、分层式的、螺旋式的发展状态。他的思维视野由最初的财经范围扩展到产业范围,由单元的层次上升到经济格局的层次,由国内的领域放大到国际的空间,由经济的层面升华到政治、文化和贸易的层面。随着理论外延的扩大,理论的内涵不断深入,最终形成了自成一体的学说。

按比例发展与和谐发展的目的就是要达到综合平衡,这是全面建成小康社会的必经之路,也是实现国民经济稳定、快速、持续发展的必要前提。能否坚持综合平衡论是能否实现创新、协调、开放、绿色和共享发展的关键,也是能否正确处理好改革、发展和稳定辩证关系的重要环节。

陈云在70余年的革命生涯中,始终善于把马克思主义基本原理同中国具体实际相结合,创造性地领导革命斗争、经济建设和党的建设,表现了无产阶级革命家的远见卓识和杰出的领导才能。他的思想和观点,集中表现在他的三卷《陈云文选》中。从"综合平衡论"到"科学发展观",再到"五大发展理念",我国前后经历了近半

---

①　陈云.陈云文选(第三卷)[M].北京:人民出版社,1995:350.

②　陈云.陈云文选(第三卷)[M].北京:人民出版社,1995:367.

个世纪的波澜壮阔的社会主义革命、建设和改革开放历程,每一阶段都不断提升我党对"三大规律"的认识水平,不断积累宝贵的精神财富。从新中国成立70多年来的发展历程可以看出,"综合平衡论"内容不断充实,外延不断扩大,工具功能和解释功能越来越强,我党对综合平衡论的认识和运用已经到了成熟和理性、全面而深刻的地步。"科学发展观"是对"综合平衡论"的继承和发展,是"综合平衡论"在当今社会的新的表现形式。"五大发展理念"是当前和今后相当一段时期推进国民经济和社会发展的最新要求,综合平衡论作为毛泽东思想和邓小平理论的重要组成部分,是科学发展观和"五大发展理念"的重要的理论来源,二者本质完全相同,统一于社会主义的现代化建设和改革开放的伟大实践中,是被实践证明了的科学的世界观和方法论。当前党和国家的一系列调整政策是对陈云综合平衡论思想的继承、创造性运用和发展,我们应该继续牢记陈云等老一辈党和国家领导人的谆谆教诲,深入学习和深刻领会他们的思想理论和精神实质,并在他们开创的道路上不断开拓进取,不断创新,夺取新时代中国特色社会主义的更大胜利。

(三) 唯实亭、实园与陈云实事求是的作风

兰宇新:现在我们来到的是"唯实亭"(见图7-5)、"实园"。这两处建筑是为了缅怀陈云实事求是的优良作风而建造的。"实"指的是实事求是。实事求是作为党的思想路线,始终是马克思主义中国化理论成果的精髓和灵魂。2015年习近平总

图7-5　唯实亭(张雪松　摄)

书记在纪念陈云同志诞辰110周年座谈会上的讲话中,号召学习陈云的五种精神,即学习他坚守信仰的精神、学习他党性坚强的精神、学习他一心为民的精神、学习他实事求是的精神、学习他刻苦学习的精神。陈云曾提出"不唯上、不唯书、只唯实,交换、比较、反复"的科学观点。这是陈云对我党实事求是思想路线的原则性贯彻与创造性发挥的集中体现,也是他对唯物辩证法和马克思主义认识论的创造性运用。这"十五字诀"始终贯彻在他领导我国革命、建设和改革事业的实践过程中。

1. 庄行暴动

兰宇新: 提起陈云,人们很容易想到的是他为新中国经济建设所立下的汗马功劳,他曾领导的一场声势浩大的农民暴动,却鲜有详细记载。"庄行暴动烈士纪念碑"展现的则是农村包围城市、武装夺取政权革命道路,重点是党领导下的农村革命。

新民主主义革命时期,陈云不仅参与过上海工人三次武装起义,还组织领导过农民武装暴动,担任过中央特科书记。上海市区的大街小巷,郊县青浦、奉贤等地,都留下他播撒革命火种的足迹,体现出实事求是的作风。这种作风在他领导的庄行暴动中表现得淋漓尽致。

1928年9月13日,中共江苏省委决定成立中共淞浦特委。10月,淞浦特委在松江县(现为上海松江区)钱家草村正式成立,由杭果人、陈云、林钧、严朴、顾桂龙五人组成,杭果人任书记,陈云任组织部部长,林钧任宣传部部长,领导上海松江、金山、青浦、南汇、川沙、奉贤、嘉定、宝山、崇明及太仓10个县农民运动。1928年冬,淞浦特委迁往上海,后改设在山海关路育麟里5号,也就是今天上海静安雕塑公园内的中共淞浦特委机关旧址陈列馆所在地。当时对外以"正德小学"作为掩护。

1929年1月5日,在江苏革命处于低潮的情况下,中共奉贤县委在庄行镇邬家桥开会,决定组织农民武装暴动,进攻庄行镇。会后,县委书记刘晓成立庄行暴动领导组织——行动委员会,并希望淞浦特委批准。暴动前几天,管辖上海近郊各县的淞浦特委领导杭果人、陈云、严朴来到庄行地区指导暴动。

庄行是奉贤西乡一个大集镇,豪绅地主集中,阶级矛盾尖锐。在江苏革命运动处于低潮的情况下,奉贤县委两次提出举行庄行农民武装暴动的要求,希望淞浦特委批准。陈云两次出席中共淞浦特委会议,讨论庄行镇暴动问题。第一次会议决定"不批准"奉贤县委的要求,并指出了烧毁市镇观念的错误。第二次会议同意了奉贤县委再次提出的暴动计划,特委还派杭果人、陈云、严朴三人去指挥,并请江阴地区的茅学勤带领红军6人参加行动。1月21日晚,暴动队伍占领庄行镇,缴获了部分款项和若干枪支,焚烧了商团、地主、奸商的住宅等。22日凌晨,暴动队伍撤出庄行镇,陈云、刘晓等撤回上海。国民党地方当局调遣军队、特务大队和公安部队近千人"驻县镇慑"。茅学勤和高大生等5名红军战士及在当地坚持斗争的唐一新等先后牺牲。4月12日,中共江苏省委批评了奉贤县委和淞浦特委举行庄行暴动的盲动性。

陈云作为淞浦特委的主要领导人,对庄行暴动的态度反映了他的良好工作作风。1990年初,陈云在杭州同浙江省党政军负责人谈话时,就怎样做到实事求是提出了"十五字诀"。"这十五个字,前九个字是唯物论,后六个字是辩证法,总起来就是唯物辩证法。"陈云在庄行暴动前后的思考、实践都体现了他注重调查研究,勇于自我批评,不唯上、不唯书、只唯实的工作作风。

首先,注重调查研究。庄行暴动前,陈云就分析了敌我力量的对比和暴动后的形势。新中国成立后担任外交部副部长、时任中共奉贤县委书记的刘晓后来回忆他向淞浦特委汇报暴动计划时的情景说:"我曾经到上海向淞浦特委书记汇报庄行暴动计划。我强调条件都成熟了,陈云则认为,地处敌人的后方,如果搞起来要站住脚是不可能的。为了保证暴动胜利,我要求特委派干部去加强领导。他答允了,但他强调说:'派人给你是有条件的。你们的力量不见得比人家大,估计暴动以后,你们在那里是站不住脚的。如果形势变化,包括你自己在内,主要干部可要撤回上海,千万不能待在那里呀! 总之保存骨干要紧。'"陈云曾说:"要用百分之九十以上的时间作调查研究工作,最后讨论作决定用不到百分之十的时间就够了。"[①]1961年,陈云回到上海青浦小蒸公社进行了半个月的调研,就"母猪究竟是公养好还是私养好"这个问题进行蹲点,派工作组同志去看了10个,自己去看了两个。随后,陈云整整开了两个半天的座谈会,着重讨论养猪问题,大家得出了"私养母猪比公养母猪养得好"的结论。毛主席曾经评论说:"在社会主义建设上,我们还有很大盲目性。社会主义经济对我们来说,还有许多未被认识的必然王国。拿我来说,经济建设中许多问题还不懂得,工业、商业,我就不大懂。"[②]毛主席说,陈云懂得比较多,他的方法是调查研究,不调查清楚他就不讲话。

其次,勇于批评和自我批评。庄行暴动失败后,面对江苏省委的批评,陈云认真总结经验教训,起草了《关于奉贤庄行斗争的教训》的报告,把暴动的错误和教训归纳为六点:没有以正确的策略与方法领导抗租抗债斗争;没有了解攻打城市是一种

① 陈云.陈云文选(第三卷)[M].北京:人民出版社,1995:189.
② 中共中央文献研究室.毛泽东年谱(一九四九—一九七六)第五卷[M].北京:中央文献出版社,2013:79.

不正确的农民意识;对城市小商人采取了不正确的打击态度;没有宣传与组织市镇上的贫民手工业者;缺乏很好的组织与集中指导;没有扩大政治宣传,也存在放松对反动派惩治等问题。陈云指出:"只要勇于开展批评与自我批评,坚持真理,改正错误,我们共产党就将无敌于天下。……领导干部要特别注意听反面的话。相同的意见谁也敢讲,容易听得到;不同的意见,常常由于领导人不虚心,人家不敢讲,不容易听到。"①

最后,不唯上、不唯书、只唯实。陈云认为,不唯上,并不是上面的话不要听;不唯书,也不是说文件、书都不要读;只唯实,就是只有从实际出发,实事求是地研究处理问题,才是最靠得住的。如何才能做到只唯实呢? 就要交换、比较、反复。交换就是互相交换意见,避免片面性,得到符合实际的全面的认识;比较,就是上下、左右进行比较,所有正确的结论,都是经过比较的;反复,就是决定问题不要太匆忙,要留一个反复考虑的时间。在是否发动庄行暴动这个问题上,陈云等淞浦特委主要领导人,也是经过多次讨论,考虑到各种因素,最终才决定发动暴动。

图 7 - 6 陈云手书

2. 抗美援朝

陈志强:2020 年是中国人民志愿军抗美援朝出国作战 70 周年。1950 年 10 月,中国人民志愿军赴朝作战,军费开支占到全国总支出的 60% 以上,能够用于经济建设的不到 30%。国内金融物价能否维持稳定直接决定我们能否有稳定的后方环境,进而决定能否有力支援战争前线,是能否取得战争胜利的关键因素之一。时任中央财经委员会主任、领导全国财经工作的陈云,因势而谋、应势而动、顺势而为,根据战争形势的发展变化不断调整完善财经方针。针对军费突然增加,社会上"重物轻币"、

---

① 陈云.陈云文选(第三卷)[M].北京:人民出版社,1995:188.

抢购物资的现象,10月24日做出《关于防止物价波动》的决定。规定从11月5日起冻结部队、机关、团体的存款,期限一个月。同时,及时调整了货币信贷政策,采取了控制现金、紧缩信用的紧急措施,制止了物价上涨,出现了市场银根趋紧、物价趋稳的良好形势。

11月15日,陈云在全国财政工作会议上提出"国防第一,稳定市场第二,其他第三"的方针,还提出对支出用"削萝卜"的办法,就是尽量削减一切可以削减的支出;对收入用"挤牛奶"的办法,就是尽力增加可能增加的财政收入,以从根本上解决财政紧张问题,满足"国防第一"的要求。

针对市场上游资向棉纱集中的问题,陈云起草了《关于统购棉纱的决定》,对棉纱采取统购统销的办法,增强了国营实力,起到了支援战争、稳定市场、保证人民需求的作用。陈云要求公安部门参与打击地下钱庄,查抄了大量支票、黄金、银圆和美钞,使大批游资转存银行。对物价波动引起的人民币贬值由国家给予补贴,以增强储户对人民币的信心,减少游资对市场的冲击。同时,陈云推动了《对外贸易管理暂行条例》《货币管理实施办法》《货币收支计划编制办法》等文件的制定、出台。这一系列举措对确保国内金融物价稳定起到了决定性作用。既保证了战争的胜利进行,又稳定了国内局势,并为经济建设创造了良好的条件。

3. 打破封锁

陈志强: 中华人民共和国成立初期,美国联合15个西方国家组成的"巴黎统筹委员会"开始对中国实施经济禁运。1950年11月,美国商务部将对中国进行管制的战略物资由600余种增加到2 100余种。陈云做出了超前、准确的战略预判,有的放矢地采取了应对措施。陈云早就指出:"我们要准备帝国主义的长期封锁,……在经济上也要准备他们不买我国出口的货物,不卖给我们需要的东西。"[1]因此,在1950年7月开始,中财委和中央贸易部就大力布置抢购物资以防美国冻结我国资金,在7月到12月中旬期间订购约两亿美元的物资,并成功将其中2/3抢运回来。12月4日,中财委就针锋相对地停止对美国、日本、加拿大等国的结汇输出,对资本主义国家的贸易改用"先进后出"为主的易货贸易方式。这使我国在对资本主义国家的贸易中掌握了主动,争取了有利的物资进口。

美国不断加大对我国的封锁力度,甚至扣留我国在欧洲的货物,日本等国家也紧随其步伐。这种情况下,陈云却大胆判断我国同资本主义国家的贸易不会完全停止,

---

[1] 陈云.陈云文选(第二卷)[M].北京:人民出版社,1995:2.

"资本主义国家也仍需与我做买卖,即令美国也仍然需我猪鬃、桐油"①。同时,陈云提出,"我们的出口办法,应该是易货,而不是结汇"②。后来事实证明陈云的判断是正确的。

本讲小结

兰宇新：通过刚才的实景拍摄和专家介绍,我们可以看出陈云同志运筹帷幄之才和德高望重之处。

陈云在 70 余年的革命生涯中,始终具有坚定的无产阶级政党党性,一贯顾全大局,坚持原则,维护团结,遵守纪律,光明磊落,谦虚、谨慎。他始终坚持实事求是的原则和严谨的科学态度,善于倾听不同意见,具有注重实践、亲自动手、踏实细致、多谋善断的工作作风。他联系群众,关心群众,尊重群众的创造。他爱护干部,珍惜人才,尊重知识。他艰苦朴素,克己奉公。他在党内外享有崇高的威望,深得全党、全军和全国各族人民的尊敬和爱戴。

三、拓展阅读：陈云与当代中国改革开放③

陈云以其战略家的眼光,早就看出中国要加快发展,就离不开世界,离不开吸收外资。在 20 世纪 70 年代末的中央政治局会议上,陈云就支持邓小平关于划一块地方办特区的意见。当习仲勋和邓小平谈话后,邓小平提出在广东深圳办特区的意见时,陈云也十分赞成。他还对办特区的方针、吸收外资的渠道等问题,发表了一系列意见。

李先念也是支持办特区的。李先念支持办特区的意见和陈云不谋而合,并且李先念采取的支持办特区的措施,也得到了在中央主管经济工作的陈云的支持。早在1978 年 9 月 9 日,即中央工作会议之前,李先念在黄城根北街 9 号院主持召开了讨论经济工作的务虚会。此次会议召开之前,李先念和邓小平、陈云多次商量会议主题。邓小平、陈云、李先念三人意见一致。陈云特别关心这次会议,支持李先念开好这次会议。在这次会议上,李先念在谈到改革开放时说:"目前国际形势对我们有利,现在世界上的绝大多数国家都希望我国强大繁荣。欧、美、日等资本主义国家,

---

① 陈云.陈云文集(第二卷)[M].北京：中央文献出版社,2005：207.
② 陈云.陈云文集(第二卷)[M].北京：中央文献出版社,2005：206.
③ 人民网-中国共产党新闻网-党史频道,http://dangshi.people.com.cn/n/2015/0421/c85037-26878703.html.

经济萧条,要找出路。我们应有魄力、有能力利用他们的技术、设备、资金和组织经验,来加快我们的建设。我们绝不能错过这个非常难得的时机。自力更生绝不是闭关自守、不学习外国的先进事物。为了加快我们掌握世界先进技术的速度,必须加快从国外引进先进技术的速度,必须积极从国外引进先进技术设备。"李先念主持的这个会议十分民主,与会人员畅所欲言,而且李先念也特别鼓励大家在会上把自己的意见谈出来。在这种民主气氛中,有人就在会上谈到了一个发人深思的问题:日本地少、人少、资源少,为什么经济就比我们搞得好呢? 于是大家围绕这个问题进行了讨论。讨论中,大家一致肯定日本的管理经验。据参加这次会议的李灏回忆:这次经济务虚会虽没有谈论真理、标准问题,也没有涉及平反冤假错案的问题,但是,就是这次会议,让人们的思考转向了经济管理、体制和企业活力等问题上,为中央决定办特区打下了基础。可以说,这是中央工作会议之前的一个十分重要的会议。于光远对此次务虚会的评价是:我们党能够正视经济体制中的问题,重视改革,发轫于这次务虚会。这次会议的成功召开,以及在这次会议形成的思路下,中央做出试办经济特区的决定,也渗透着陈云的心血。

参考文献

[1] 金冲及,陈群.陈云传[M].北京:中央文献出版社,2005.

[2] 陈云.陈云文选:第1—3卷[M].北京:人民出版社,1995.

[3] 陈云.陈云文稿选编(1949—1956年)[M].北京:人民出版社,1982.

[4] 习近平谈治国理政(第二卷)[M].北京:外文出版社,2017.

[5] 钟文.百年陈云[M].北京:中央文献出版社,2005.

[6] 梁思成.中国建筑史[M].北京:生活·读书·新知三联书店,2011.

[7] [丹麦]杨·盖尔.交往与空间(第4版)[M].何人可,译.北京:中国建筑工业出版社,2002.

[8] 丁俊清.江南民居[M].上海:上海交通大学出版社,2008.

[9] 阮仪三.遗珠拾粹——中国古城古镇古村踏察[M].上海:东方出版中心,2018.

第八讲　改革开放与新时代

　　人们常说,近代中国看上海,当代上海看浦东。如果把中国改革开放比作一部跨世纪的交响乐,那么上海浦东开发开放就是其中一曲绚烂的乐章。这是一片神奇的土地,它因改革开放而兴,随改革开放的进程快速变幻,从冷僻土地到繁荣都市,从默默无闻到举世瞩目,仅仅30多年时间,一座外向型、多功能、现代化的大上海新城区在黄浦江东岸崛起。这里不仅体现上海的发展速度和建设成就,还成为中国改革开放和现代化建设的象征。让我们一起来了解这些摩天大楼及其背后的故事,追忆浦东开发开放的精彩瞬间。

本讲问题

1. 开发开放浦东何以成为国家战略?
2. 小陆家嘴地区是如何进行规划和建设的?
3. 陆家嘴标志性建筑——"厨房三件套"的建筑特点及建设过程是怎样的?
4. 上海自贸试验区的开辟和扩展情况如何?

一、浦东开发陈列馆

课程导入

　　徐凌波(上海城建职业学院马克思主义学院副教授):今天是本课程的第八讲,也是最后一讲,主题是"新时期上海红色建筑的新地标——浦东陆家嘴"。在前面的七讲中,我们的足迹一直徜徉在黄浦江以西。今天,让我们顺着时间的长河,踩着历史的脚印,跨过黄浦江,感受一番改革开放新时期上海红色建筑的新地标——浦东陆家嘴。

　　这里是浦东大道141号,周围高楼林立,这一座和周边环境形成鲜明对比的低矮小楼,就是浦东开发陈列馆(见图8-1)。说起141这个门牌号,就让人想起曾任上海市副市长、浦东新区管委会主任的赵启正说过的一段话。他说,"141"谐音"一是一",开发开放浦东一定要坚持"一是一、二是二"的实事求是精神。浦东的开发者们是这么说,也是这么做的,他们用拼搏、奋斗、创新和智慧迎来了浦东改天换地的变化。下面先请党史专家严亚南老师来为我们讲解浦东开发开放的背景及其幕后故事。

图 8-1　浦东开发陈列馆

严亚南(中共上海市委党史研究室助理研究员):今天我们所在的地方就是原上海市浦东开发办、浦东新区管委会所在地。1990 年 4 月 18 日,国务院总理李鹏在上海宣布开发开放浦东;5 月 30 日,浦东开发办就在这儿成立了。可以说,这里就是浦东开发开放最早的"前沿总指挥部",说浦东开发开放从这里起步是一点不为过的。

党中央、国务院为什么要开发开放浦东呢? 又为什么要把开发开放浦东作为重要的国家战略呢? 今天,我们就带大家来了解这段历史。

新中国成立以后,西方国家对新生的中国政权采取了集体封锁的政策,上海丧失了原有的外向型、多功能、国际化城市的地位。在"全国支援上海,上海支援全国"的发展模式下,上海逐渐成为新中国最重要的工业基地和贸易中心。

　　党的十一届三中全会以后，中国逐步开始了以市场经济为导向的改革。上海这个曾经在计划经济年代为国家做出重大贡献的城市，面对广东、福建两省特区城市的迅速发展，无论是经济体制、经济结构，还是人们的思想观念方面，都受到了前所未有的冲击和挑战。新中国成立后，上海每年有近 80%的财政需上交中央，自我留存发展的资金极为有限，以致上海城市建设历史欠账多，基础设施严重老化，市民面临住房紧张、交通拥堵、环境污染等诸多困难。

　　1980 年 10 月 3 日，《解放日报》在头版显著位置刊登了上海社会科学院部门经济研究所沈峻坡研究员的文章《十个第一和五个倒数第一说明了什么？——关于上海发展方向的讨论》。文章一经发表，立刻引起轰动，当天的《解放日报》迅速脱销。这篇文章引发了社会各界对上海这座城市未来发展的极大关注。上海该往何处去？上海该如何摆脱困境？上海经济的增长点在哪里？上海城市发展的新空间又在哪里？……从平民百姓到政府部门，关于上海这座城市未来发展的全民大讨论越来越热烈。

　　1982 年 9 月召开了党的十二大。此后，以城市为重点的经济体制改革全面展开。为改变上海作为老工业基地的单一功能，恢复和发挥上海作为全国最大经济中心的多功能作用，1984 年 7 月，国务院将"改造上海、振兴上海"作为全国经济发展战略的重要组成部分，正式提上议事日程。

　　党中央、国务院领导明确要求："上海必须充分发挥口岸和中心城市的作用，发挥其经济、科技、文化基地功能，做全国四化的开路先锋。""上海不仅是我国一个重要的工业生产基地，而且应作为我国最大的经济中心，从贸易、金融、信息和科技等各个方面更好地为全国的经济建设服务。"

　　也就是说，党中央和国务院对上海的定位已不仅仅是重要的工业基地，而是希望上海恢复曾经的远东最大经济、金融、贸易中心的功能，未来甚至应该建设成为科技、信息中心。这是从希望上海发挥全国经济中心作用的角度来作战略部署和功能定位的。

　　由于改造上海和振兴上海的问题复杂，涉及面广，为通盘考虑、合理规划，党中央、国务院决定由国家计委牵头，宋平、马洪负责，组织上海市、国务院经济研究中心、社会科学院等方面有真才实学的专家和实际工作者到上海进行调查研究。在广泛、深入调研的基础上，1984 年 9 月，国务院调研组和上海市政府联合召开了一次意义重大、影响深远的经济发展战略战役研讨会。

　　参加此次会议的有来自北京和上海等地的知名专家、学者以及中央部门领导、上海有关方面负责人共 500 余人，可谓群贤毕至。其中包括薛暮桥、于光远、钱俊瑞、许涤新、宦乡、蒋一苇、薛葆鼎等一批熟悉上海、了解上海、对上海怀有深厚感情的专家，他们说："上海不只是上海人的上海，是全国的上海；如果上海搞不好，大家面上都无光，国家也没面子。"他们不仅在会上积极建言献策，还不遗余力地向国务院和中央各部门呼吁，为上海放宽政策，解开羁绊。

此次会议的重要成果，形成了《上海经济发展战略汇报提纲》。在这份汇报提纲中，中央对上海提出了三个战略目标：一是中心城市，也就是说要恢复上海作为国际中心城市，特别是亚太中心城市的作用；二是多功能，上海不仅是传统老工业基地，还要发挥科学技术优势，发展高、精、尖的新兴工业，并带动贸易、金融等第三产业发展；三是辐射带动，上海要带领经济区和全国经济起飞。这个文件涉及上海的对内对外开放、改造传统工业、开拓新兴技术、发展第三产业以及改善城市基础设施，可以说是一个改造、振兴上海的纲领性、系统性文件。

由于《上海市城市总体规划方案》制订于 20 世纪 80 年代初，而《上海经济发展战略汇报提纲》则批准在后，为协调好两者之间的关系，在国务院批复《上海经济发展战略汇报提纲》一年后，由上海经济研究中心和上海社会科学院部门经济研究所带头，联合上海城市规划设计院等单位发起、组织了全市 120 多位城市建设方面的专家、学者，于 1986 年 2 月和 3 月，先后召开了两次"上海城市发展战略研讨会"。会上，大家认为，必须要用建设新区的办法来支持老市区的改造，并形成了四个可供选择的方案：

"北上"——沿长江南翼开发宝钢、吴淞地区；

"南下"——在金山区沿杭州湾北翼发展；

"西移"——向虹桥机场以西拓展；

"东进"——跨过黄浦江开发浦东，振兴上海。

经过这两次会议，越来越多的有识之士将目光投向了黄浦江对岸那片未完全开发的土地。他们认为世界级的大城市都是依水而建，沿江河两岸发展，而上海的黄浦江

图 8-2　1986 年制订的《上海市城市总体规划》

两岸发展极不平衡，上海未来广阔的发展空间就在浦东。

1986 年 7 月 22 日，中共上海市委、市政府将《上海市城市总体规划方案（修改稿）》上报中共中央、国务院。10 月 13 日，国务院批复原则同意《上海市城市总体规划方案》，不仅要求"把上海建设成为太平洋西岸最大的经济、贸易、金融中心之一"，还特别强调，当前特别要注意有计划地建设和改造浦东地区。要尽快修建黄浦江大桥及隧道等工程，在浦东发展金融、贸易、科技、文教和商业服务设施，建设新居住区，使浦东地区成为现代化新区。

此后，由国务院批准的《上海经济发展战略》和《上海市城市总体规划方案》及原则同意的《上海文化发展战略》成为上海发展的"三张蓝图"，为上海未来的发展确立了目标、指明了方向，极大地激发了上海人民建设太平洋西岸最大经济贸易中心之一的热情。

当时的上海承担了全国 1/6 的财政收入，一旦开发浦东，中央的"钱袋子"必然会受到影响，这对全国改革开放的大局来说，可谓牵一发动全身。因此，在 20 世纪 80 年代的中后期，上海市委、市政府一方面积极筹谋，为开发浦东开展深入、细致的研究工作和各项准备；另一方面仍恪尽职守地履行着全国改革开放的"后卫"职责。

当历史的时针转到 20 世纪 90 年代，随着东欧剧变和苏联解体，世界格局发生急剧变化，改革开放的总设计师邓小平根据国内外形势的变化，开始思考如何向世界宣示中国走中国特色社会主义道路的决心不变、中国坚持改革开放基本国策不动摇等重大问题。

1990 年 1 月 21 日至 2 月 13 日，邓小平在上海过春节，其间他提出"请上海的同志思考一下，能采取什么大的动作，在国际上树立我们更加改革开放的旗帜"①。回到北京后，邓小平在同江泽民、杨尚昆、李鹏等中央领导同志谈及形势时指出："综观全局，不管怎么变化，我们要真正扎扎实实地抓好这十年建设，不要耽搁。"②"上海是我们的王牌，把上海搞起来是一条捷径。"③从此，开发浦东作为振兴、发展上海的关键举措从地方性的发展构想上升为重大的国家战略，上海从此迎来了华丽转身的历史机遇。

在很多人的印象中，浦东在宣布开发之前都是阡陌农田，然而，事实并非完

---

① 中共中央文献研究室.邓小平年谱(一九七五——一九九七)下卷[M].北京：中央文献出版社,2004：1307.
② 中共中央文献研究室.邓小平年谱(一九七五——一九九七)下卷[M].北京：中央文献出版社,2004：1310.
③ 中共中央文献研究室.邓小平年谱(一九七五——一九九七)下卷[M].北京：中央文献出版社,2004：1310.

全如此。1990 年之前，浦东的工农业总产值均占全市的 1/10。而面积不到 2 平方千米的小陆家嘴地区就聚集了 39 家大工厂和 14 个大仓库，居民近 1.7 万户，户籍人口近 5 万，其他小企业、商店 300 多家。因此，小陆家嘴地区的规划和建设并不是在白纸上作画，而是在进行一项前无古人、艰苦卓绝的城市改造更新实践。

自党中央、国务院宣布开发开放浦东开始，上海就成立了浦东开发领导小组。1990 年 5 月 30 日，浦东开发领导小组开会研究陆家嘴地区规划，朱镕基市长在听了倪天增副市长的汇报后认为，陆家嘴是上海的一个门面，总体规划要搞国际招标设计、搞规划竞赛，同时这也是一种对外宣传。后来考虑到规划权是主权之一，特别是涉及城市的基础信息不宜对外公开，市政府最后决定搞方案国际竞赛。

小陆家嘴规划方案国际招标是从 1990 年 5 月份由朱镕基市长提议、酝酿，一直到 1993 年 12 月 28 日由市政府发文原则同意上海陆家嘴（见图 8-3）中心区规划设计方案，前后历时三年半。小陆家嘴规划方案的形成有一个发展过程，我们将其总结为"2-4-5-3-1-1"，规划不断深化的过程主要分为三个阶段。

图 8-3 1993 年陆家嘴俯瞰图（姚建良 摄）

第一个阶段："2"，是指两次规划修编，即 1986 年国务院批复《上海市城市总体规划方案》和 1988 年编制详细规划后涉及浦东部分的规划修编。

第二个阶段："4"，即在 1990 年初至 1992 年间，陆家嘴或者说涉及陆家嘴的浦东部分的规划由市规划局、市规划院、市建委陆陆续续调整了 4 次，其中既有市政府对整个浦东规划的调整，也包括专门针对陆家嘴规划的调整。

第三个阶段："5-3-1-1"，"5"就是在国际规划咨询过程当中，得到了中、意、日、法、英 5 国提供的 5 个不同的概念方案；"3"就是综合 5 个方案的优点出了 3 个深化比较方案；"1"就是在 3 个深化比较方案基础上再组织专家讨论、各方面听意见，最后集中形成 1 个深化规划方案；最后一个"1"是在深化规划方案的基础上又进行了一次综合优化。

对陆家嘴中心区 1.7 平方千米的小陆家嘴地区采用国际咨询的方式进行规划设计，开创了中国城市规划史的先例。此后，这个中国历史上第一个与国际合作的 CBD 规划模型正式入藏中国国家博物馆。

图 8-4　1992 年 11 月 20 日，上海市陆家嘴中心地区规划及城市设计国际咨询会议在上海国际贸易中心开幕(姚建良 摄)

徐凌波：刚才，党史专家为我们介绍了浦东开发开放的国际国内背景以及陆家嘴地区的规划情况。下面，由建筑学专家给大家具体介绍小陆家嘴规划的形成过程及各国方案的特点。

许劼(上海城建职业学院建筑与环境艺术学院副教授)：20 世纪 80 年代，上海有比较著名的一句话叫："宁要浦西一张床，不要浦东一间房。"从这句话我们可以很明显地看到当时的陆家嘴，包括整个浦东地区，在上海市域范围之内处于被边缘化的位置。一般认为浦西的黄浦区、徐汇区、长宁区是"上只角"，而其他地区包括浦东，都属于"下只角"，即地段比较差。大家都不太喜欢去浦东，主要原因就是在上海的版图中间有一条黄浦江，隔断了浦西和浦东。在 20 世纪 80 年代，往返浦东与浦西的交通几乎全部依靠轮渡，非常不方便，特别是遇到大雾天，交通就会受到很大阻碍。直到 20 世纪 90 年代，党中央、国务院宣布开发开放浦东后，浦东的交通条件才得以逐步改善。

那么，金融贸易区为什么要选址建在这样的"下只角"呢？我们来看看这张地图（见图 8 - 5）。

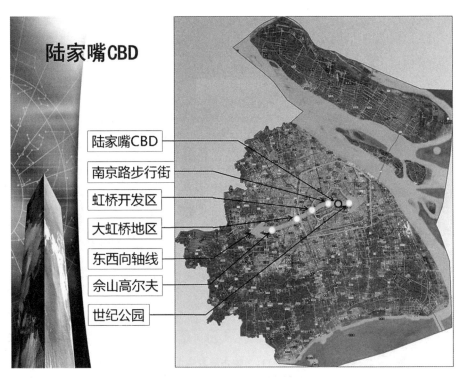

图 8 - 5　陆家嘴地区区位图

从地图上，我们可以看到上海有两条比较著名的马路：南京路和淮海路，都是向东西方向延展的。因此，上海的城市发展就历史性地形成了一条东西向发展轴线。在这条东西发展轴上，坐落着几个比较重要的发展区。首先，直接对着黄浦江，和陆家嘴遥相对望的是驰名中外的南京路步行街；向西到内环西侧是虹桥开发区，上海最早的三个开发区之一;然后向西到外环西侧,是大虹桥地区,是国家级战略发展区和辐射长三角地区的交通枢纽所在地;再往西,就是佘山旅游度假区,是上海高档住宅区的汇集地;而陆家嘴正好位于轴线东侧,并继续向东沿着世纪大道延伸至世纪公园。

　　我们现在看到的陆家嘴地区,其规划建设方案从 1990 年正式启动,经过十几轮讨论,历经三年半时间,最后敲定了现在的陆家嘴地区规划方案。接下来,我们就来对比和分析几个当时主要的方案平面图和模型。

　　第一个是日本伊东丰雄事务所的方案模型(见图 8-6)。这个模型的现代感是非常强的,它的外形类似于一个集成电路板条码,所有的建筑共同构成了一个超现实的信息系统,就像电路板上的元件一样。这个方案比较符合陆家嘴地区的功能定位,即新时代的地标,代表新的技术和产业发展方向。这个方案的缺点是绿带只有中间一条,相对来说绿地率是比较低的。总体布局的特点是,中间是一条主要的路,两侧高楼林立,密度非常高,跟东京银座在意向上非常相似。

图 8-6　日本伊东丰雄事务所的方案模型

　　第二个是意大利福克斯的方案模型(见图 8-7)。这个方案中间突出了一条椭圆形的主路,同时有一条曲线型的人工河。人工河两侧形成绿带。椭圆形的主路和人工河共同构成的图案,取自中国阴阳两极的图案,契合了中国的传统文化。

　　第三个是法国贝罗事务所的方案模型(见图 8-8)。这个方案沿着黄浦江两侧

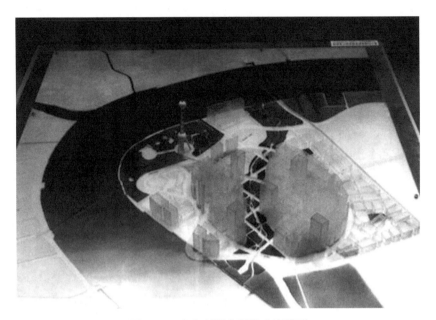

图 8－7　意大利福克斯的方案模型

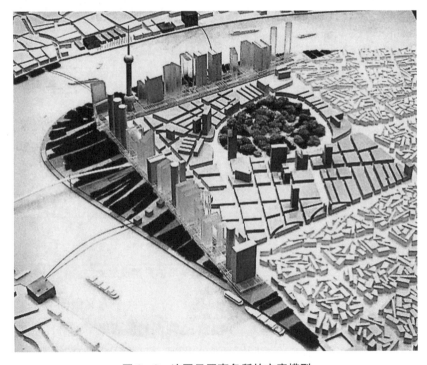

图 8－8　法国贝罗事务所的方案模型

形成了长条形的高层的界面。高层界面所包围的中间地带是一个低密度的建筑群，加上一个公园。这个方案明显的缺点在于中间的建筑以及公园里面所有的人群，在户外活动时是没有办法看到江景的，视线全部被挡住了。这个方案的灵感来自1930 年勒·柯布西耶第一次世界大战后重建巴黎的改造方案，即高楼林立，希望把所有的人集中到高楼里面去，这样就能剩下大片的开阔土地，可以给人室外的空间以进行日常交往活动。

第四个是英国罗杰斯事务所的方案模型（见图 8-9）。在参与竞标时，罗杰斯就说："你们不要按照我这个方案来实行。这个方案本身肯定是不可行的，这只是一个设计概念、一个意向，而并非最后建成的空间方案。"我们看到这个方案的外形是一个古罗马的斗兽场，中间是大面积的绿地，旁边围了一圈高楼。这个方案延续了1889 年霍华德提出的田园城市的模型设想：中间是公园，公园周围一圈是建筑，再外面一圈是永久性的绿地。这个方案的缺点是：他没有切合实际考虑当时陆家嘴的建设现状，基本上就属于大拆大建，方案中间的公园所在地区全部要拆完；道路也和现有道路完全脱节，需要重新建立路网，所以最后也没有把它给纳入最终版的方案中。

图 8-9　英国罗杰斯事务所的方案模型

从城市规划历史上来看，霍华德的田园城市的构想在英国的整个城市建设里面具有深远的影响。第一次世界大战之后，1920 年到 1930 年重建伦敦时候的规划也是用了这样一个圈层式的设计,中间是内伦敦,即伦敦的城市核心区,外面一圈是城市郊区,再外面一圈是永久性的绿带,再往外一圈才是所有的新城,这样形成几个环状的设计。

最后被采纳的是哪个方案呢? 答案就是上海联合咨询组的方案。从东方明珠开始,开辟一条世纪大道,一直往后延到世纪公园。陆家嘴的主要轴线沿用了上海联合咨询组的方案,但是由于这个方案里陆家嘴CBD地区的建筑密度太大,没有足够的大面积绿地,所以也采纳了法国的部分方案,中间建成了一个陆家嘴中心绿地。

图 8‑10　上海联合咨询组的方案模型

二、陆家嘴中心绿地

徐凌波: 今天,我们站在陆家嘴中心绿地,可以亲身感受被群楼环抱的震撼,其中最引人注目的就是金茂大厦、环球金融中心和上海中心大厦这三幢超高层建筑。上海市民把这三幢大厦戏称为"厨房三件套":"注射器""开瓶器"和"打蛋器"。接下来请党史专家、建筑专家为我们介绍大楼建设的幕后故事及建筑的结构特点。

严亚南: 回顾陆家嘴开发建设30年历程,其建设过程大致分为三个阶段:一是从1990年到2000年的形态开发阶段,二是从2000年至2010年的功能开发阶段,三是从 2010 年至 2020 年的功能形成阶段。而矗立在陆家嘴金融贸易区的"厨房三件套"正是陆家嘴开发建设三个阶段的标志性作品。

首先来看金茂大厦。这幢楼高 420.5 米,1994 年 5 月 10 日开工建设,至 1999 年 3 月 18 日竣工开业,历时 5 年,总投资 5.4 亿美元。建成后是当时"中国第一高楼",是陆家嘴金融贸易区完成第一阶段形态开发建设的标志性建筑,也成为上海乃至中国的跨世纪标志。

金茂大厦的投资建设主体是原国家外经贸部,也就是现在的商务部。1992 年年初,邓小平同志在视察南方途经上海的时候指出:开发浦东,这个影响就

图 8 - 11 陆家嘴"三件套"(姚建良 摄)

大了,不只是浦东的问题,是利用上海这个基地发展长江三角洲和长江流域的问题,要抓紧浦东开发不要动摇,一直到建成。2 月下旬,时任外经贸部部长的李岚清就带着部分直属专业进出口总公司负责人到上海浦东考察,在与上海市委、市政府领导会商时提出,外经贸部要带头做点事情,把世界 500 强企业带到浦东,具体落实的项目就是,在浦东陆家嘴金融贸易区建一个中国最高的摩天大楼,为对外开展经济贸易活动提供一流的硬件设施。因此,给金茂大厦起名时,就是取的"经贸"的谐音。大楼落成后,外经贸部下属的很多外贸专业贸易公司纷纷集聚浦东,中国原有贸易体制条块分割的局面因此改变,陆家嘴地区的贸易功能由此奠基。

再看上海环球金融中心。这幢楼高 492 米,总建筑面积 38.6 万平方米,总投资 9.8 亿美元,是陆家嘴功能形成阶段的代表作。虽然它的总面积和金茂大厦差不多,投资额却高得多,主要有两个原因:一是设计标准高,二是建设周期长。这幢楼从 1992 年开始酝酿到 1997 年开工,直至 2008 年 8 月 29 日建成,前后经历了 16 年。其间因为中央给浦东的优惠政策到期、签约投资方退出以及亚洲金融危机等原因,大楼的建设曾三度停工。最后,中方锲而不舍地努力说服了日方,使他们相信投资浦东就是投资未来,无论怎样困难,也要将这个项目的建设坚持到底。这里要讲一讲陆家嘴开发公司首任经理王安德与日本森大厦株式会社社长森稔先生"三个约

定"的故事。

1992年,森稔先生第一次访问陆家嘴是跟着一家日本银行来华考察。那天陆家嘴开发公司总经理王安德就注意到有位老人在陆家嘴规划模型前驻足不前。到了当年的10月5日,这位老人家又来了。当他递给王安德名片的时候,王安德才知道他是日本森大厦株式会社的老板。王安德对他说:"我记得您上次来过的,您上次在这个模型前面站了很久,在想什么?"老人告诉他,这个模型很像日本东京20世纪六七十年代发展崛起的过程。他的父亲经历了那个时代,他好像也看到了曾似相识的发展机会。但是,他吃不准这个模型是真的还是假的,能不能实现。

当时他看中了金茂大厦边的一块地,就对王安德说:"我和你打个赌,如果这块土地完成拆迁,那我就来签约。"他觉得这样的动迁工作量,如果是在日本,5年、10年都不一定能完成。王安德就告诉他:"您明年来,这块地我给您留着。"老先生将信将疑地走了。到1994年初,当森稔先生再次来到陆家嘴,他相中的那块地已基本完成了拆迁。9月4日,中日双方完成了土地签约。和金茂大厦不同的是,这块地是完全按照市场价格签的,当时土地使用权的出让金高达1.7亿美元。

完成土地签约以后,日方又碰到了第二个难题,即原先同意合作的美国投资方中途退出,中国也在进行经济调控,给日方进一步投资带来了不确定性。于是,森稔先生提出希望能看到规划中的世纪大道,因为他们担心这么高的楼建好以后,如果周边没有马路,交通就很不方便。王安德告诉他,这条路已经纳入计划,马上要动工了。森稔先生就说:"那么我再来赌一次,你什么时候把这条路建成,我什么时候建这幢楼。"让他没有想到的是,陆家嘴开发公司仅用了6个月时间就建成了世纪大道样板段。样板段建成后,森稔先生正式注册了公司,启动了环球金融中心项目。

在进行大楼设计的时候,森稔先生又提出了一个新的要求,说:"在你们的规划中还有一块中心绿地,你们的绿地什么时候建成,我就什么时候开工。"规划中的陆家嘴中心绿地原先计划2000年以后再建,但是为了让这个项目能尽快开工,王安德又和他进行了一次打赌。此后,陆家嘴开发公司夜以继日、奋力拼搏,仅用333天就完成了3000多户居民的动迁和陆家嘴中心绿地的建设。到1997年6月,王安德和森稔先生坐在中心绿地里的帐篷喝咖啡时,森稔先生连连称赞说中国了不得,浦东了不得。他说:"我输给王先生3次。3次打赌,我都输了。你们说到做到,真的很厉害。我相信你们的规划是能够做成的,我再不做就不好意思了。"这时王安德告诉他:"金茂大厦已经营业赚钱了,每天的租金像开了印钞机一样进来,投资浦东是可以赚钱,我们可以共赢的。"最终,陆家嘴开发公司靠精诚所至的服务、一诺千金的信誉、不可思议的开发力度赢得了投资方的尊重和信任。环球金融中心建成后，入驻的大都是外资企业，陆家嘴金融贸易区的开发建设由此迈上了一个新的台阶。

最后我们来看小陆家嘴地区建设的收官之作——上海中心大厦。这幢大楼高632米，总面积57.8万平方米，由上海城投（集团）有限公司、上海陆家嘴金融贸易区有限公司和上海建工集团股份有限公司共同投资开发，是我国自行投资建设的一座地标性超高层建筑，2008年11月开工，2017年1月投入试运营。

这幢大楼定格了浦东天际线的最高点，虽于21世纪初才开工，但是其规划始于1993年的《上海陆家嘴中心区规划设计方案》。2006年6月，上海市政府召开专题会议，正式决定启动建筑概念方案的征集和深化研究，并成立了"小陆家嘴项目筹建组"，具体落实相关工作。筹建组通过调研、学习，明确了项目定位，即"形神兼备、秀外慧中、汇集大成"；确定了建设目标，即建设绿色环保的垂直城市。

上海中心大厦的建筑设计是将征集的19个方案整合为9个方案后，通过两轮评议遴选产生的。第一轮是"9进4"，从9个方案中先筛选出4个，经深化修改后进入第二轮"4进2"，由美国甘斯勒公司与英国福克斯公司进行竞争，最终美国甘斯勒方案胜出。

2008年11月29日，上海中心大厦正式开工建设，这是中国人首次自己建设600米以上的高楼。正因为如此，碰到了无数令人难以想象的困难，但是建设者们依靠着自己的智慧、创新和努力，攻克了一个个难关，使得这项超级工程得以顺利完工，并创造了一个又一个工程奇迹和建设纪录。

上海中心大厦的设计师曾说："金茂大厦的造型和外观酷似宝塔，代表着中国的过去；环球金融中心由日本投资兴建，意味着中国正成为吸引外资的磁场，代表着中国的现在；上海中心大厦就是未来的代名词。这3幢建设分别象征过去、现在和未来，就像三兄弟一样。"

在2020年上海基本建成国际金融中心的目标达成之年，英国独立智库发布了第28期全球金融中心指数（GFCI 28），上海以1分优势领先东京，首次跻身全球金融中心前三名。罗马并非一日建成，矗立于小陆家嘴中心区的这群建筑见证了这一蝶变的历程，也必将继续见证、续写新的辉煌。

徐凌波：正如党史专家所言，这三幢超高层建筑是陆家嘴开发建设3个阶段的标志性作品，分别象征过去、现在和未来。那么，现在，就请建筑学专家带我们走进这3座建筑，了解一下这些建筑的结构特点。

许劼：我们现在面对的是陆家嘴的中心绿地，矗立在我们面前的这3幢建筑，分别是金茂大厦、环球金融中心和上海中心，其外形寓意都是取自中国的传统文化。

首先，我们来看金茂大厦（见图 8-12），由美国的 SOM 设计事务所设计，建筑

图 8-12　金茂大厦（姚建良 摄）

总层数共 88 层，高 420.5 米。金茂大厦的外形设计的灵感来自中国的佛教文化。佛教在我国传播的历史十分悠久，佛教的庙宇也是处处可见。大家回想一下，你每次到一个寺庙里面去，必定会看到一个塔。塔是整个寺庙的制高点。在塔里面通常存放舍利子等重要的佛教圣物。从整个建筑外形看，金茂大厦是节节往上收缩的，整个建筑的立面分成了好几节，每一节层数都比下面一节少。第 1 节 16 层，第 2 节 14 层，再往上 12 层、10层，每一段加在一起一共是 88 层。取 88 层也是迎合了中国文化，在我国文化里认为 8 是一个十分吉利的数字。另外，我们再看平面，从楼层平面图上来看，这个建筑也是以 8 为模数的。就是把两个正方形呈 45 度角错开了叠在一起，得到一个八角形的外轮廓。再看建筑的筒中筒结构，中间这个筒，也是正八边形，以 8 为模数进行设计的。

金茂大厦从功能上纵向分段，总共分成这样几段：1—2 层是整个大厦的大堂；3—50 层是办公区，办公区的层高是 4 米左右；53—87 层是酒店区；另外还有 3 层地下空间。大堂为公共开放区域；往上是半公共半私密的办公区，需要刷卡；最上层的酒店则是比较私密的空间。

金茂大厦采用四段式的垂直功能布局，与垂直布局相对应的电梯也采用竖向人流分区。在 3—50 层办公区，每 10 层有五六部电梯提供交通服务；如果去往酒店区，会有一部电梯直达 53 层；如果要去 88 层观光区，会有两部速度可达 9 米/秒的直达电梯。采用这样的竖向人流分区，办公楼层的人流就不会与酒店层、观光层的人流相互交织，彼此影响。

金茂大厦的内部装修颜色以金色为主调，从下往上看，就形成了一个金色的时

光隧道;88 楼观光层的建筑围护材料全部采用玻璃,非常敞亮。金茂大厦在建成之后的一段时间里都是上海第一高楼,可以俯瞰整个浦西和浦东。但是建这样的高楼,在施工过程中遇到了不小的困难。

因为上海位于长江三角洲冲积平原,是由长江的泥沙淤积而成的陆地,属淤泥和软土地质,所以上海在 20 世纪 90 代年计划建造地铁的时候,外国专家曾说上海的软土层没有办法建地铁。那么,当时建设金茂大厦是怎么解决这个问题的呢? 采用的办法就是把地基打得非常深。一般建筑的基础深度占整幢大楼的 1/15,而金茂大厦的基础深度占整幢大楼的 1/5,是一般建筑的 3 倍。也就是说,金茂大楼总高420.5 米,基础深度就达到了 80 米。在打地基时,施工人员穿越了 40 米淤泥层直接将地基打到了坚硬的岩层中,这样就把整个大厦牢牢地钉在了地上。

第二幢建筑是环球金融中心。金茂大厦的建筑整体造型与笋类似,从下向上逐节收缩,棱角凸出分明;环球金融中心的表面是非常光滑的,地上 101 层,地下 3 层。环球金融中心的建设方案有个演变过程(见图 8 - 13):最早的概念是天圆地方,天人合一,因此最早的外立面方案是把环球金融中心的标准层做成方形,最上面有个圆形的镂空。后来,由于大家觉得这个顶部比较像日本国旗上的太阳,与中国文化不是很契合,最后经过修改变成下面是方的、上面也是方的。

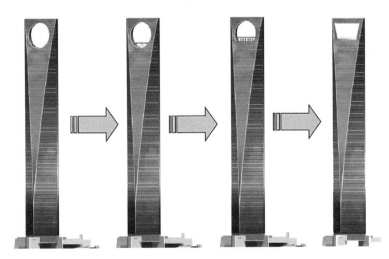

图 8 - 13　环球金融中心设计图变化过程

环球金融中心外立面的玻璃采用夹胶的中空 Low-E(低辐射)玻璃板。板的外面分别用铝合金分格条保证安全。环球金融中心采用的竖向分区和金茂大厦非常相似:6 层以下的公共空间里有商店、美术馆、餐厅和精品店等;7—77 层是办公区;

78—89 层是酒店区,97—100 层是观光区。

环球金融中心标准层的轮廓尺寸是 58 米×58 米。标准层"筒中筒",中间这个核心"筒"里面都配置了电梯、楼梯,以及卫生间等公共设施;外面围绕的一圈都是办公室,可以分隔成不同的办公空间,给各个公司使用。对办公区来说,标准层扣掉中间这个筒中筒,可以用的面积大概是 2 300 平方米一层。

这幢建筑总共 101 层,中间每隔一段都有一个避难层。如果发生极端突发事件时,楼里人员不能迅速地全部都逃到地面,就可以在避难层进行避难。每 12 层设置这样一个避难层,到达避难层可以乘坐消防电梯或者走安全疏散客梯。

整幢大厦的结构选型是核心筒,即"筒中筒"——外面一个筒里面一个筒。环球金融中心地下建筑部分差不多最深能够达到 78 米,一共用了 2 200 根钢管支撑。施工时先立起来的是中间这个筒。这个筒全部用混凝土现浇,墙最厚的地方可以达到两米多。外围为巨型桁架筒。整个结构有伸臂桁架、带状桁架和巨型斜撑。

环球金融中心的建设过程并不是特别顺利。1997 年开工,不巧遇到了"亚洲金融风暴",开工的当年就停工了。2003 年复工,当时还修改了建筑设计方案,把建筑的高度从原来 440 多米改到了 470 多米,2008 年 8 月正式完工,对外运营。2018 年,环球金融中心荣获了全球最佳高层建筑 10 年特别奖。

第三幢建筑是上海中心大厦。为什么叫这个名字? 主要有 3 个含义:一是上海的商务活动中心,二是上海的商务交流游憩中心,三是上海的市民休闲娱乐中心。历经 6 年建设,上海中心大厦在 2014 年竣工。总体高度 600 多米,共 124 层。

上海中心大厦的建筑立面和环球金融中心以及金茂大厦有非常强烈的反差。前面建造的两幢高楼都是纯几何造型,建筑平面四四方方,从建筑外表面上来看,有非常尖锐的角。第三幢楼的外表是一个圆滑的造型,而且是不规则的曲线逐渐向上。上海中心大厦的外形灵感来自中国的传统文化中的龙。整个建筑像一条巨龙自下逐渐盘旋而上,它的尾部就是在大厦的顶端盘旋上翘。龙是中国传统文化独特的凝聚和积淀,已经深入我国社会文化的方方面面,扎根在每个中华儿女的心中。中华民族的继承人被称为"龙的传人"。虽然上海中心大厦是一座现代化建筑,又坐落于陆家嘴,是新时代的地标,但是龙的寓意充分体现了该建筑的地域特点,具有很高的辨识度。

为了达到盘旋向上的外观视觉,上海中心大厦分成 9 个圆柱,彼此分别叠加,每个圆柱都是错开角度,从最外面最底下那个圆柱到最上面的那根圆柱,一共是转了90 度。所以说,我们看到它整体的外形并不是平直的,而是弧形。为什么要做成这样呢？是希望这个外皮旋转收缩上升,使整个建筑看起来比较有动感。它把常见的建筑的尖角改成圆弧,首先是视觉上比较圆润,产生一种包容的感觉。其次是减小风压。物理上,圆润的外形可以减少建筑的立面的侧墙受力。除了能够减少风压以外,圆柱造型还减少了建筑的表面积,可以节省能源,并能够减少视线和光线死角,使冬季有更多的阳光可以进入建筑内部,也就是说,建筑内部的人在不同的地方都能够享受到阳光。

上海中心大厦的纵向分区基本上和前面介绍的两幢建筑相差无几,一区是大堂、商业和餐饮,二到七区是办公区,八区是酒店和精品办公,九区以上是观光区域。

每一个区域的面积不同,一区面积最大,大约 6 400 平方米。第三区每一层的总面积大概是 5 575 平方米。再往上越来越小,到了最上面的第九区,每一层的总面积是 2 100 平方米,只有一区的 1/3。每两个区都是被两层高的设备层所分割,设备层包括空调、电力、维修保养、逃生区。

上海中心大厦荣获了美国 LEED 的绿色建筑认证。因为它每年大概能够节约能源成本 1 930 万人民币,节约率 25%。

徐凌波：浦东故事就是上海故事,也是中国故事。从 1990 年启动浦东开发开放,到 21 世纪推进的浦东综合配套改革和中国上海自由贸易试验区建设,浦东发展历程中的每一步都与国家战略

图 8-14　上海中心大厦内的半亩园
(严亚南 摄)

布局紧密相连,承担了"先行先试"的国家使命。在浦东开发开放 30 多年的历史中,曾经创造过无数个全国第一。这令人惊艳的巨变展示的不仅仅是"浦东奇迹",更是以实际行动向世界诠释了"中国精神"。

浦东的飞跃式发展充分展现了勇于突破、敢为人先的创新精神。自开发开放之初,浦东就致力于构建能最大限度服务市场主体的制度环境,通过"小政府、大社会"的管理模式,进一步推动政府职能转变,降低制度性交易成本,扩大社会自治功能,

积极推进市场经济,率先建立国家级要素市场,率先进行基础设施建设投融资体制改革,率先推进国有土地有偿使用,产生了我国第一个保税区、第一个金融贸易区、第一个综合配套改革试验区、第一个自由贸易试验区。正因为勇于突破、敢为人先的创新精神,浦东大地上才诞生了"中国芯""创新药""智能造""蓝天梦"等新兴产业集群,更有了令世界称赞的"上海速度"。

浦东的发展也充分体现了坚守信仰、执着奋进的梦想精神。信仰决定梦想,梦想凝聚力量,力量成就伟业。30多年前,面对国际国内复杂的形势,党中央坚守发展是第一要务的初心,坚定不移地纵深推进改革开放,作出了开发开放上海浦东的重大决策;经过30多年的不懈努力,取得了如今的显著成就。

浦东的发展也充分体现了百折不挠、真抓实干的奋斗精神。历经磨难愈挫愈勇,身处绝地向死而生,是我们党从苦难走向辉煌、从弱小走向强大、从胜利走向新胜利的"有力武器",也是浦东发生巨变的"精神密码"。

浦东的发展离不开一代代浦东人的不懈奋斗。2018年11月,习近平总书记登上陆家嘴的上海中心大厦,俯瞰上海城市风貌时说:"改革开放以来,中国发生了翻天覆地的变化,上海就是一个生动例证。"[1]两年之后的2020年11月12日,在纪念浦东开发开放30周年之际,习近平总书记又感慨地说:"浦东开发开放30年的历程,走的是一条解放思想、深化改革之路,是一条面向世界、扩大开放之路,是一条打破常规、创新突破之路。"[2]同时,习近平总书记对浦东开发开放提出了新的要求,要求浦东要"勇于挑最重的担子、啃最硬的骨头,努力成为更高水平改革开放的开路先锋、全面建设社会主义现代化国家的排头兵、彰显'四个自信'的实践范例,更好向世界展示中国理念、中国精神、中国道路"[3]。

作为浦东开发开放的窗口,陆家嘴的巨变的确令世人瞩目。感谢两位专家的精彩讲解,让我们从金茂大厦的佛塔意象中感受着融贯中西的宽阔胸怀,从环球金融中心建造的曲折过程中感受中国人的锲而不舍、勇于拼搏,从上海中心大厦盘旋上升的"龙型"设计体会到与时俱进的胆魄和绿色发展的方向。

了解历史才能展望未来。在浦东开发开放30周年之际,我们走进展览馆,观看摄影图片,抚今追昔,感受浦东新区自成立以来的历史变迁及历史性成就。回溯30年,浦东的变化让我们自豪,也让世界感到不可思议。展望未来30年,我相信浦东

---

① 人民日报客户端 www.chinanews.com/gn/2018/11-07/8670232.shtml.
② 习近平.浦东开发开放30周年庆祝大会上的讲话[M].北京:人民出版社,2021:16.
③ 习近平.浦东开发开放30周年庆祝大会上的讲话[M].北京:人民出版社,2021:10.

的故事还会继续,中国改革开放也将给世界带来更多的惊喜与机遇。进入新时代,2013 年 8 月经国务院正式批准,中国(上海)自由贸易试验区设立,简称上海自贸区。截至 2021 年底,上海自贸区的发展分为三个阶段。第一阶段的范围涵盖上海市外高桥保税区、外高桥保税物流园区、洋山保税港区和上海浦东机场综合保税区四个区域,于 9 月正式挂牌开张。第二阶段的范围涵盖金桥出口加工区、张江高科技园区和陆家嘴金融贸易区三个区域,于 2014 年 12 月开张。第三阶段的范围是临港新片区,由核心承载区、战略协同区两部分组成。核心承载区为临港新片区管委会经济管辖范围,战略协同区主要指新片区其他范围内的奉贤、浦东、闵行区域。按照"整体规划、分步实施"原则,先行启动南汇新城、临港装备产业区、小洋山岛、浦东机场南侧等区域。上海自贸区的设立并不断扩大,是新时代深化改革扩大开放的重要举措,也是上海建设现代化国际大都市的发展要求。

三、拓展阅读:陆家嘴中心绿地,屡创上海城市建设奇迹①

1994 年 12 月 2 日,当陆家嘴开发公司完成长 730 米、宽 100 米的世纪大道样板段建设后,日本森大厦株式会社社长森稔先生履行承诺,于 1995 年 4 月完成了注册资本为 2.13 亿美元的上海环球金融中心有限公司的注册。然而紧接着,他又给陆家嘴开发公司王安德总经理出了一个新的难题:陆家嘴开发公司何时将陆家嘴中心绿地建成,他就何时开工建设。

因受动迁房源和动迁资金制约,陆家嘴开发公司原计划于 2000 年前后才能建设规划中的陆家嘴中心绿地。为了显示陆家嘴开发公司的诚意、决心和开发能力,浦东新区管委会领导经研究后决定,将建设陆家嘴中心绿地作为主体项目纳入迎接香港回归的"四一个工程"(即建设一块中心绿地、一条滨江大道、一条陆家嘴景观路线和一片菊园小区)。此后,陆家嘴中心绿地建设被正式提上议事日程。

5 个月,完成浦东历史上最大规模动迁

当浦东新区管委会决定,在 1997 年香港回归之际,要建成 10 万平方米陆家嘴中心绿地时,落在陆家嘴开发公司肩上的是一桩几乎不可能完成的任务:在 5 个月时间内,完成 3 500 户居民动迁和 30 多家企业搬迁,拆除各类旧建筑 20 多万平方米。这简直就是天方夜谭!在森稔社长看来,这样的动迁量在日本东京至少需要 10

---

① 赵抗卫,等.亲历与荣耀:陆家嘴崛起风云录[M].北京:中国文艺出版社,2021.

年时间才能完成。

如果把动迁比作一场硬仗的话,前一段是前哨战,结尾则是攻坚战。在动迁进入尾声还剩下 131 户时,浦东新区党工委和管委会果断决定从机关抽调 55 位精兵强将充实到第一线。这些立下"军令状"的"将士"与陆家嘴开发公司的员工一起挨家挨户做工作,依法治人、以理服人、以情感人,最终得到动迁居民的理解和支持,如期完成动迁任务,创造了上海城市建设史上的奇迹。1996 年底,陆家嘴中心绿地的动迁工作终于画上圆满句号。

5 个月,完成 10 万平方米中心绿地建设

1997 年 1 月 2 日,陆家嘴开发公司建设中心绿地的工作组正式成立。公司决定,必须按照香港回归时间点倒排工作进度,于 1997 年 5 月 30 日全面完成 10 万平方米中心绿地建设。这次留给陆家嘴开发公司的时间不足半年。如何构筑陆家嘴中心区的这叶"绿肺",成为陆家嘴开发公司面临的又一项重大挑战。

中心绿地 8 600 平方米的湖中央要设置一座喷泉,王安德总经理要求水柱高度超过 100 米,达到东方明珠第一个球的高度,这在当时几无可能。在跑遍广东梅州、深圳、杭州西湖等地的企业后,公司最终找到了合肥电机厂。经与厂方联合开展技术攻关,终于在 1997 年 5 月 14 日完成了高喷设备现场安装。中心湖主喷泉在双层环形水柱的簇拥下,如玉龙腾空直冲云天,水柱高达 110 米,场面蔚为壮观。

中心绿地里的规划草地面积有 65 000 平方米,但陆家嘴公司对大批量草皮施工经验不足,当遇到草籽进口与现场工期发生矛盾的时候,面临着陡然剧增的压力。如何在短时间内完成几万平方米草皮的种植? 1997 年 4 月 30 日,当公司获悉德国草籽将于 5 月 1 日到达虹桥机场的消息后,王安德总经理连忙写了一封救急信函,由办公室工作人员孙美娟赶到浦东海关,交给了李善芬关长。李关长二话没说,立即在信函上做出批示。5 月 1 日清早,孙美娟手拿信函赶到虹桥机场与绿地公司相关人员一起等候航班入境。航班落地后,她第一时间把信函交予机场工作人员请求特事特办,并迅速办妥了各项验关手续,将草籽火速送往中心绿地,而此时,现场早已做好施工准备。当看到工人们把草籽撒向土地的时候,在场的众人才如释重负。

1996 年底,当中心绿地动迁工作进入尾声时,大树采购工作被提上了议事日程。移栽树木有时间要求,从看树、下单、做泥球、起运到种植,要经历一系列必需的程序,并花费很长时间。为了能按时完成建设任务,公司员工郭双林等到处打探,终于在苏州一个做苗木生意的老板的帮助下,找到一处废弃校园,在那里发现了几十棵适合移植的香樟树,并请了几十位农民来开挖、做泥球,其中最大的一棵树连泥球

重达 16 吨。为了保证中心绿地的工期和绿化成活率,大树运到现场后,植树工人们不分昼夜连续作业,马上种植。这就是浦东陆家嘴开发陈列室(现为吴昌硕纪念馆)东面樟树林的由来。

众人拾柴火焰高,通过上下一心、众志成城的努力,陆家嘴开发公司屡创奇迹,仅用不到一年时间,就完成了诸多"不可能"的任务,在 1997 年香港回归之际,向上海市委、市政府和全市人民交出了一份令人满意的答卷,有力地推动了浦东形态开发和功能开发,使陆家嘴金融贸易区的开发建设迈上新台阶,成为上海开发开放的重要标志和象征。

参考文献

[1] 中共上海市委党史研究室.口述上海改革开放(1978—2018)[M].上海:上海人民出版社,2018.
[2] 中共上海市委党史研究室.奇迹:浦东早期开发亲历者说[M].上海:上海人民出版社,2020.
[3] 习近平.浦东开发开放 30 周年庆祝大会讲话,2020.11.
[4] 中共上海市委党史研究室.潮涌东方:浦东开发开放 30 年[M].上海:上海人民出版社,2020.
[5] 谢国平.中国传奇:浦东开发史[M].上海:上海人民出版社,2018.
[6] 葛清.上海中心系列丛书·智造密码——你应该知道的上海中心大数据[M].上海:同济大学出版社,2017.
[7] 王伍仁.中国建造——上海环球金融中心施工方案精选[M].北京:中国建筑工业出版社,2011.
[8] 孙施文.城市中心与城市公共空间——上海浦东陆家嘴地区建设的规划评论[J].城市规划,2006(08).
[9] 赵抗卫等.亲历与荣耀:陆家嘴崛起风云录[M].上海:上海文艺出版社,2021.

结语　传承红色基因，筑牢复兴之基

建筑是可阅读的，就如书写在大地上的生动文字。不同风格的建筑有着不同的文化内涵，不同年代的建筑也蕴藏着不同的历史故事，透过这些人与事更可体悟其中的丰富精神。"筑梦中国"课程正是这样一次有益的尝试，通过选取不同历史时期不同类型的典型建筑，意在解读其中包含的红色文化基因，由此勾勒出共产党人带领人民实现中华民族伟大复兴中国梦的壮丽图景，演绎出建筑中的中国梦。实际也是活化利用上海丰富红色文化资源中的红色建筑，以此为载体，创新教育形式，意在讲好红色故事，更好地传承红色基因，着力培育时代新人。

传承红色基因既是我们研读红色建筑的主要追求，又是培育时代新人的重要元素，直接关系到中华民族伟大复兴中国梦的实现。习近平总书记指出，"要把红色资源利用好，把红色传统发扬好，把红色基因传承好"①。他要求："红色基因就是要传承。中华民族从站起来、富起来到强起来，经历了多少坎坷，创造了多少奇迹，要让后代牢记，我们要不忘初心，永远不可迷失了方向和道路。"②传承红色基因是关乎前进方向、道路的根本问题。当前对于红色基因的传承可谓已日渐深入人心，整个社会的红色文化氛围越来越浓厚，各种红色资源不断得到深入挖掘和充分利用，传播手段加快创新并涌现了大量优秀红色作品，红色育人的成效已得以显现。但同时我们也应看到红色基因在深入传承上仍面临一些挑战，包括学理论证上的单薄，市场经济价值观念及多元思潮的不断冲击，红色基因深入内化中的困境等。这要求我们必须进一步深入理解传承红色基因的重要意义，更好地把握并澄清红色基因的特性与内涵，并切实提升实现路径的有效性。

一、放在"两个大局"中看待红色基因传承

所谓红色基因，是对生物学上基因概念的一种运用，依据基因本身的特性转化

---

① 习近平.贯彻全军政治工作会议精神　扎实推进依法治军从严治军[N].人民日报,2014-12-16.
② 习近平、李克强、王沪宁、赵乐际、韩正分别参加全国人大会议一些代表团审议[N].人民日报,2018-03-09.

成为特定的社会政治概念，本质上是一种精神特质或文化因子。红色基因一般专指中国共产党在革命、建设、改革实践过程中所形成的，反映其性质、宗旨、传统的一些精神品质，与革命传统、革命精神及革命道德有着一致性，是中国共产党在实践中不断升华出的精神命脉或精神密码，内在决定着实践的方向和状态。

传承红色基因对于实现我们的伟大事业无疑是非常重要的，而对于如何真正把握住这种重要性，根本上还在于将其放置在"两个大局"中来看待。这就是习近平总书记经常讲到的，"要胸怀两个大局，一个是中华民族伟大复兴的战略全局，一个是世界百年未有之大变局，这是我们谋划工作的基本出发点"①。这同样是我们理解红色基因重要意义的基本坐标。

首先，实现中华民族伟大复兴既需要以传承红色基因为前提，又需要其提供动力保障。中华民族伟大复兴是中国共产党领导的建设社会主义现代化强国之路，是以坚持党的领导与中国特色社会主义道路为前提的，也就必须坚定传承红色基因，而不能淡化这个颜色。"光荣传统不能丢，丢了就丢了魂；红色基因不能变，变了就变了质。"②丢掉红色基因也就在根本上改变了政权的社会主义性质，改变了共和国的颜色。另一方面，传承红色基因又可为实现我们的伟大梦想提供精神动力。中华民族伟大复兴的实现不会轻轻松松，而是需要我们凝聚起奋进的精神力量来克服重重困难。传承红色基因正是汲取革命、建设、改革征程中的不竭精神动力，并由此激发全体中华儿女的奋斗精神。"人无精神则不立，国无精神则不强。唯有精神上站得住、站得稳，一个民族才能在历史洪流中屹立不倒、挺立潮头。同困难作斗争，是物质的角力，也是精神的对垒。"③

其次，在世界百年未有之大变局的时代背景下，才可凸显今日仍要传承红色基因的必要性与契合点。红色基因大都是革命年代形成的优良传统和精神品质，与我们今日的和平发展时期是否已经脱节，或者说是否已经过时而不必再弘扬？这是我们传承红色基因始终要回答的问题。只有深刻理解了世界百年未有之大变局的内涵，才可真正回答好传承红色基因的重大意义。这个大变局将是世界格局的变化，甚至还包含了文明形态的较量，有着新旧势力的激烈斗争。旧势力不会轻易退出历史舞台，旧的世界秩序也不会轻易被改变。在这时需要我们充分凝聚力量，做好斗争准备，并始终保持奋斗的姿态，才有可能取得最终的胜利。这个形势和背景实际

---

① 习近平谈治国理政：第 3 卷[M].北京：外文出版社，2020：77.
② 习近平.论中国共产党历史[M].北京：中央文献出版社，2021：109.
③ 习近平.论中国共产党历史[M].北京：中央文献出版社，2021：41.

上与我们的革命年代在精神状态层面有着高度一致性,我们不能因表面的和平安定而松懈,要葆有奋斗精神。所以在这样错综复杂且各领域斗争日趋激烈的形势下,传承红色基因不仅必要,而且意义非常重大,不仅没有过时,而且要大力弘扬和传承,因其有着根本的共通和契合。

传承红色基因是筑基、铸魂的工程。只有传承好,我们的事业才能根深叶茂;一旦在这方面出现问题,就会地动山摇。特别是在当前思想领域和意识形态领域争夺和斗争不断激化的时期,更需大力提升主流意识形态的凝聚力和引领力,不断改进传播和教育的方式,在实效性上下好功夫,以确保红色基因代代相传。

二、红色基因的内涵与特性

传承好红色基因,不仅需要我们认清要实现的目标和当前的复杂形势,还需我们在理论上澄清其内涵与特性。这样才可深入理解传承的必要性和重要性,更进一步把握住传承的核心要义,并有利于深化实现路径。

(一) 红色基因的内涵

对于红色基因的内涵已有诸多阐释,尽管并未形成统一界定,而是始终保持了阐释的开放性,但在越来越多的关注和研究中已日趋形成更多共识。这里我们基于已达成的一些共识,就红色基因的基本内涵做出更具体的概括,以更有利于实际传承工作的开展。这个概括也直接体现了"坚持真理、坚守理想,践行初心、担当使命,不怕牺牲、英勇斗争,对党忠诚、不负人民"的伟大建党精神,这是中国共产党的精神之源。

一是坚定信仰。就是坚定对马克思主义理论与共产主义事业的理想信念,始终忠诚于信仰,并将马克思主义基本原理同中国实际紧密结合,实事求是,不懈探索。这是方向旗帜,关乎前进道路。"坚定理想信念,坚守共产党人精神追求,始终是共产党人安身立命的根本。"[①]习近平总书记也始终强调信仰、信念、信心的至关重要,强调革命理想高于天。"无论过去、现在还是将来,对马克思主义的信仰,对中国特色社会主义的信念,对实现中华民族伟大复兴中国梦的信心,都是指引和支撑中国人民站起来、富起来、强起来的强大精神力量。"[②]坚定信仰是红色基因的灵魂所在。

---

① 习近平谈治国理政: 第 1 卷[M].北京: 外文出版社,2018: 15.
② 习近平.论中国共产党历史[M].北京: 中央文献出版社,2021: 237.

二是爱国为民。就是做坚定的爱国者，始终坚持人民立场，有一种深厚的家国情怀。这是中国共产党人全心全意为人民服务的立场和宗旨的根本体现，中国共产党也是爱国主义精神最坚定的弘扬者和实践者。无数革命先烈抛头颅、洒热血，救亡图存，拯救人民于水火之中。在建设、改革过程中有无数先进模范一心为民，在各自岗位上做出卓越贡献。毛泽东同志曾说道："我们共产党人好比种子，人民好比土地。我们到了一个地方，就要同那里的人民结合起来，在人民中间生根、开花。"①今日我们坚持以人民为中心的执政理念，将人民对美好生活的向往作为奋斗目标，也正是坚持人民立场的根本体现。爱国为民是红色基因的厚重底色。

三是奉献牺牲。就是将国家与集体永远摆在个人前面，为了整体利益，不惜牺牲个人的利益。这是革命道德观的集中体现。这既是包含社会主义性质的一种整体主义、集体主义的道德观，也体现了革命者的高尚品质，是顾全大局、无私奉献的精神。正是"以革命利益为第一生命，以个人利益服从革命利益"②。当然这里也并不是全然否定个人的权益和自由，而是为了更大的理想、更高的价值，勇于做出牺牲，超越"小我"，成就"大我"或"无我"。正是"为了国家和集体的利益，为了人民大众的利益，一切有革命觉悟的先进分子必要时都应当牺牲自己的利益"③。奉献牺牲是红色基因的根本品质。

四是自律奋斗。就是有着严格的组织性、纪律性，并内化为自身的高度自律，同时又始终保持着昂扬的奋斗姿态，勇于实践、肯实干。组织性和纪律性体现的是高度的政治觉悟和执行力，自律则是严于律己的高尚品质。这种自律本身也是基于对理想信念的自觉追求；如果心中没有崇高而又明确的目标，也难以在艰难或安逸的条件下始终严格要求自身。奋斗精神是革命者的真正本色，不管是在革命年代还是在和平建设时期，尽管奋斗的内容不同，但这种精神是始终如一的。当年毛泽东听到我们的战士在盛产苹果的锦州打仗时，不拿老百姓家里一个苹果，就很有感慨，因为战士们已自觉认识到，"不吃是很高尚的，而吃了是很卑鄙的，因为这是人民的苹果。我们的纪律就建筑在这个自觉性上边"④。这样的纪律就是有保障的，已转化为自觉行动。同时"我们要保持过去革命战争时期的那么一股劲，那么一股革命热情，那么一种拼命精神，把革命工作做到底"⑤，为了我们的理想和伟大目标就要将一种

---

① 习近平.论中国共产党历史[M].北京：中央文献出版社，2021：63.
② 毛泽东.毛泽东选集：第2卷[M].北京：人民出版社，1991：361.
③ 邓小平.邓小平文选：第2卷[M].北京：人民出版社，1994：337-338.
④ 毛泽东.毛泽东文集：第7卷[M].北京：人民出版社，1999：162.
⑤ 毛泽东.毛泽东文集：第7卷[M].北京：人民出版社，1999：285.

奋斗精神保持到底。我们今天强调党的历史的学习也正是不断从中汲取奋进力量，增强开拓前进的勇气。自律奋斗是红色基因的精神状态。

(二) 红色基因的特性

除了对红色基因所包含的内容做出具体概括，还可进一步凝练红色基因的特性，这本身也是对于其内涵阐释的深化。红色基因是与革命传统和红色精神一脉相承，同时又借助了生物学的基因概念，并实现了转化。这种借用本身也说明了二者在特性上的一种相通，或者说正是由于某种共同特性才成就了这种创造性转化。

一是具有内在性与决定性。就如生物学上的基因一样，作为精神形态的红色基因是内在的决定因素，而不是外在的表现形式。红色基因本身也可看作文化因子和精神密码，这都是无形而又内在的，却又具有根本的塑形意义，决定着外在的道路选择和实践状态。当然也正因如此，对于红色基因的真正传承，必须是实现一种内化的过程，而不能停留于外在形式，更要防止虚假的作秀。

二是具有持久性与传承性。基因一旦生成则是影响始终的，且是内在的决定者，很难被外在的东西轻易改变，而文化基因同样具有这样的特性，会内化为信仰。同时这种稳固的持久的文化基因又是具有传承性的，当然其并不是生物意义上的基因遗传，而是文化和精神意义上的接纳与内化。这种传承也是内外环境共同作用的结果，既与接受主体相关，又与外部社会条件和氛围密切相关。

三是具有历史性与发展性。尽管红色基因具有鲜明的内在性，但并不意味着一成不变，而是具有社会性、历史性。红色基因本身是在特定的社会历史条件下生成的，同时离不开长期的实践过程。红色基因本身也具有发展性，社会历史的发展会赋予红色基因新的内涵，特别是在其表现形式上也会有新发展。这同其内在性与决定性并不矛盾，是更多体现在不变本质与变化的外在形式意义上，是在新的社会条件和时代背景下的新的阐释。所以红色基因中所包含的内容，在不同的时期应该有不同的形态和体现，正如习近平总书记所讲："每一代人有每一代人的长征路。"[①]伟大的长征精神可以是永恒的，但随着时代发展，每一代人要走的长征路的具体内容并不完全相同，是与时俱进的。

四是具有变异性与颠覆性。基因除了外在表现形式的发展变化，在特定的条件下，也会发生内在变化，相当于生物学意义上的基因重组或变异。而一旦发生这样

---

① 习近平.在纪念红军长征胜利 80 周年大会上的讲话[N].人民日报,2016 - 10 - 21.

性质的内在改变，则是根本性和彻底性的质变，会由内到外发生彻底改变，且将是难以轻易挽回的。这本身也是内外环境共同作用的结果，而往往又是外部环境作用于内在环境最终导致的根本转变。同时基因的内在决定性和坚固性会从反面发生作用，进一步固化这种根本改变。实际上这也是触及意识形态内核的改变，直接影响方向和旗帜的转变，并进一步导致社会性质和发展道路的颠覆，会在各领域发生一种"颜色革命"。这实际也就从意识形态层面彰显了传承红色基因的极端重要性。

三、传承红色基因的现实路径

对于红色基因而言，不仅需要澄清其意义与概念内涵，更重要的还在于能够切实传承，并将其熔铸于时代新人的培育和实现民族复兴的大业之中。这里就涉及传承的实现路径，我们不仅要看到已取得的成绩，更要认清进一步内化过程中存在的挑战与困境。从时代发展来看，我们现在所处的和平环境及日益丰裕的物质条件，让人们更容易滋生安逸享乐的念头，遗忘对理想的追求和不懈的奋斗精神；从社会条件来看，在开放环境中本身也面对多元文化思潮，特别是历史虚无主义、新自由主义等价值观念的冲击。这些都对红色基因的传承提出挑战。所以，传承红色基因不能因循守旧，也不能固步不前，而应在新时代的背景之下，主动创新以融入时代新发展，不断拓展路径方法，遵循规律并适应主体特点，切实提升实现路径的有效性。

第一，活化利用红色文化资源。红色基因的传承要充分利用并挖掘各地的红色文化资源，特别是发挥好党和国家红色基因库的重要作用。习近平总书记指出："革命博物馆、纪念馆、党史馆、烈士陵园等是党和国家红色基因库。"[①]这些场馆是红色资源最为集中、最为丰富的地方，既包含不可移动的革命文物，也包括一些可移动文物，又是可以充分利用信息技术手段以及多媒体方式生动展示的地方。应充分利用好这些集中的场馆和大量红色文物，包括可将"革命烈士那些感人至深的文章、诗文、家书编辑成册"[②]，来讲好党的故事、革命的故事，加强革命传统、爱国主义教育，特别是对于青少年的思想道德教育。除此之外，还可更深入挖掘各种红色文化资源，并不仅限于革命时期，还包括社会主义建设和改革开放时期等。只要这些资源承载了红色文化或红色精神，都可将之作为传承红色基因的有效载体。本课程正是结合学校特点，重点挖掘了各种建筑中的红色历史和故事，并将听众置身于历史发

---

① 习近平.论中国共产党历史[M].北京：中央文献出版社，2021：111.
② 习近平.论中国共产党历史[M].北京：中央文献出版社，2021：70.

生地,从建筑特点切入,重点讲述其中具有红色教育价值的人和事,形式生动,起到传承红色基因的作用。

第二,不断创新传播方式路径。要更好地传承红色基因,方式路径很重要。一方面是要结合时代的新发展,适应信息化特点,发挥媒体融合作用,创新传播手段;另一方面还要适合新时代受众的特点,不仅要不断提升讲故事的能力和水平,还要增强针对性和有效性。如今信息化和数字化已深层次地融入了我们的生活,特别是对年轻人的影响最直接。在这样的背景之下,我们的传媒也已发生很大变化,各种媒体相互融通,传播手段和途径也发生变革,红色文化的传播必须与之紧密契合。"我们必须科学认识网络传播规律,提高用网治网水平,使互联网这个最大变量变成事业发展的最大增量。"[1]除了方式手段的创新,重要的还是要结合受众的不同特点,并挖掘各行各业的红色资源优势,形成各自特色,不断增强教育的针对性和实效性。同时,还需要传播者切实提高讲故事的能力,"会讲故事、讲好故事十分重要"[2]。有学者认为:"信息时代,谁的故事能打动人,谁就能拥有更多受众、实现更好传播。从一定意义上说,红色文化传播的效果直接取决于讲故事的能力和水平,取决于选择什么样的故事载体、采取什么样的讲故事方式。"[3]

第三,注重发挥榜样引领作用。红色基因还鲜活地体现在英模人物身上,同样要充分发挥好这些英模的榜样示范作用,并在全社会形成崇尚英雄、学做英雄的浓厚社会氛围,让红色基因在这些鲜活的榜样身上代代相传,起到切实的育人实效。习近平总书记特别重视榜样的引领意义,强调榜样的力量是无穷的,"心中有榜样,就是要学习英雄人物、先进人物、美好事物,在学习中养成好的思想品德追求"[4]。"崇尚英雄才会产生英雄,争做英雄才能英雄辈出",所以要"引导学生学习英雄、铭记英雄,自觉反对那些数典忘祖、妄自菲薄的历史虚无主义和文化虚无主义,自觉提升境界、涵养气概、激励担当"。[5] 在这些鲜活的榜样例子引领下,既能丰富教育形式,提升教育效果,又能营造更好的社会氛围和舆论环境,对于红色基因传承有着积极促进作用。

第四,切实遵循教育内化规律。红色基因的传承实际是一个内化的过程,是要将之内化于心、外化于行。所以这里要遵循心理认知和思政教育规律,并将之自然

---

① 习近平谈治国理政:第3卷[M].北京:外文出版社,2020:311.
② 习近平.思政课是落实立德树人根本任务的关键课程[J].求是,2020(17).
③ 此为张志丹教授观点,参见:活化利用红色文化资源　红色基因在光荣之城延续[N].文汇报,2021-4-4.
④ 习近平.论中国共产党历史[M].北京:中央文献出版社,2021:68.
⑤ 习近平.论中国共产党历史[M].北京:中央文献出版社,2021:71.

融入教育全过程。习近平总书记对此有着直接论述："革命传统教育要从娃娃抓起，既注重知识灌输，又加强情感培育，使红色基因渗进血液、浸入心扉，引导广大青少年树立正确的世界观、人生观、价值观。"①通过丰富的红色资源和多样化的教育方式，最终是要将红色基因内化为受教育者自身的价值观念，这样才可真正有效并持久，同时也才能转化为受教育者的自觉行动。在这里实际还存在一些内化上的困境，毕竟这些红色传统和精神产生的年代与今天的社会情境有所不同，甚至还会有较大差别，怎样让这些红色精神跨越时空传入受众的心里，是需要与时俱进的创造性转化的，应根据时代发展不断发展红色传统和精神的内涵，使之与今日的现实生活相契合而不是相互脱节，也切实防止"两张皮"的现象。

第五，以正能量引领社会风尚。对于红色基因的传承，要在整体上形成一种社会风尚，既是不断强化的正面宣传教育，又是对于各种价值观念挑战的回击。包括切实回应实用主义、交换原则的挑战，以及诸多否定红色基因传承的多元思潮的冲击，要让正能量得到真正弘扬，不断增强主流意识形态的凝聚力和引领力。完全的市场经济原则与红色基因的内涵是有冲突的，前者更讲物质利益和平等交换，也是以个人主义为基石；后者更强调奉献牺牲，是要超越物质利益，坚持的是集体主义原则。在这里我们要始终坚持社会主义市场经济方向，而不是任由资本横行；将市场的交换原则限定在一定领域，而不是要贯穿所有领域。在规定范围内既让市场起到决定性作用，同时又不与社会主义道路形成矛盾。市场经济是手段，而目标是建好社会主义。我们在文化领域还是坚持社会主义核心价值观的引领，坚定传承红色基因，防止各种不良思潮的侵蚀。

中国共产党十九届六中全会通过的《中共中央关于党的百年奋斗重大成就和历史经验的决议》指出："增强全社会文物保护意识，加大文化遗产保护力度""注重用社会主义先进文化、革命文化、中华优秀传统文化培根铸魂"。这也是我们编写这本通俗读物的美好初心。本课程的开设以及由此形成的这部著作，是我们以实际行动在新时代传承红色基因的一个成果。虽然只是初步的尝试，但凝聚了20多人的教学团队共同的努力，是集体智慧的结晶。整个教学团队中既有专门研究党史的专家，也有我校从事建筑设计的专业课教师，还有我校的思政课教师。当我们一起走进一座座底蕴丰厚的红色建筑，通过建筑向学生及社会听众讲述红色历史和红色故事时，本身也是对我们最好的教育，我们也能通过这些红色资源弘扬优良革命传统

---

① 习近平.论中国共产党历史[M].北京：中央文献出版社，2021：108.

和革命精神,并从中汲取奋进力量。正如习近平总书记指出:"今天,我们回顾历史,不是为了从成功中寻求慰藉,更不是为了躺在功劳簿上、为回避今天面临的困难和问题寻找借口,而是为了总结历史经验、把握历史规律,增强开拓前进的勇气和力量。"①中国共产党已走过百年,在收获历史成就的同时还积蓄下丰厚的精神财富,我们应充分传承和弘扬好这些宝贵财富,用红色基因培育时代新人,筑牢复兴大业的基石,让红色江山永不变色,并将之作为我们不懈奋斗的力量源泉,成就中国特色社会主义的伟大事业,为全世界的社会主义事业做出贡献。

(本章由上海城建职业学院党委书记褚敏撰写)

---

① 习近平.论中国共产党历史[M].北京:中央文献出版社,2021:121.

附录：上海市第一批红色建筑 150 处名录

2021 年 3 月 10 日，上海市文化和旅游局正式公布《上海市第一批革命文物名录》，其中包括 150 处红色建筑。具体名单如下：

上海红色建筑一览表(共 150 处)

序号	行政区域	名　　称	级　　别
1	黄浦区	上海中山故居	全国重点文物保护单位
2	黄浦区	中国社会主义青年团中央机关旧址	全国重点文物保护单位
3	黄浦区	中国共产党第一次全国代表大会会址（含中国共产党第一次全国代表大会宿舍旧址）	全国重点文物保护单位
4	黄浦区	中国共产党代表团驻沪办事处旧址	全国重点文物保护单位
5	黄浦区	"五四"以来上海革命群众集会场所——南市公共体育场	省级文物保护单位
6	黄浦区	中国共产党发起组成立地(《新青年》编辑部)旧址	省级文物保护单位
7	黄浦区	上海书店遗址	省级文物保护单位
8	黄浦区	"五卅"运动爱国群众流血牺牲地点	省级文物保护单位
9	黄浦区	上海工人第三次武装起义时工人纠察队沪南总部——三山会馆	省级文物保护单位
10	黄浦区	中共中央政治局机关旧址(1928—1931 年)	省级文物保护单位
11	黄浦区	中国农工民主党第一次全国干部会议会址	省级文物保护单位
12	黄浦区	中华职业教育社旧址	省级文物保护单位
13	黄浦区	韬奋故居	省级文物保护单位
14	黄浦区	中国科学社暨明复图书馆旧址	省级文物保护单位

续　表

序号	行政区域	名　　称	级　别
15	黄浦区	老永安公司（绮云阁——上海解放时南京路上第一面红旗升起处）	省级文物保护单位
16	黄浦区	新新公司（凯旋电台旧址）	省级文物保护单位
17	黄浦区	中国青年记协成立大会会址	省级文物保护单位
18	静安区	中国共产党第二次全国代表大会会址	全国重点文物保护单位
19	静安区	四行仓库抗战旧址	全国重点文物保护单位
20	静安区	同盟会中部总会秘密接洽机关遗址	省级文物保护单位
21	静安区	宋教仁墓	省级文物保护单位
22	静安区	上海总商会旧址	省级文物保护单位
23	静安区	陕西北路宋家老宅旧址	省级文物保护单位
24	静安区	1920年毛泽东寓所旧址	省级文物保护单位
25	静安区	中国劳动组合书记部旧址	省级文物保护单位
26	静安区	平民女校旧址	省级文物保护单位
27	静安区	中国社会主义青年团中央机关遗址	省级文物保护单位
28	静安区	铜仁路史量才旧居	省级文物保护单位
29	静安区	上海大学遗址	省级文物保护单位
30	静安区	中共三大后中央局机关三曾里遗址	省级文物保护单位
31	静安区	上海茂名路毛泽东旧居	省级文物保护单位
32	静安区	"五卅"运动初期的上海总工会遗址	省级文物保护单位
33	静安区	"四·一二"惨案革命群众流血牺牲地点	省级文物保护单位
34	静安区	中共中央特科机关旧址	省级文物保护单位
35	静安区	中共淞浦特委办公地点旧址	省级文物保护单位
36	静安区	彭湃烈士在沪革命活动地点（中共中央军委机关旧址）	省级文物保护单位
37	静安区	八路军驻沪办事处（兼新四军驻沪办事处）旧址	省级文物保护单位

序号	行政区域	名　　　称	级　　别
38	静安区	蔡元培故居	省级文物保护单位
39	静安区	刘长胜故居	省级文物保护单位
40	静安区	刘晓故居	省级文物保护单位
41	静安区	商务印书馆总厂遗址	县级文物保护单位
42	静安区	上海北火车站遗址	县级文物保护单位
43	静安区	中共中央秘书处机关(阅文处)旧址	县级文物保护单位
44	静安区	上海市立实验民众学校旧址	县级文物保护单位
45	徐汇区	龙华革命烈士纪念地	全国重点文物保护单位
46	徐汇区	上海宋庆龄故居	全国重点文物保护单位
47	徐汇区	邹容墓	省级文物保护单位
48	徐汇区	汾阳路 45 号住宅(丁贵堂旧居)	省级文物保护单位
49	徐汇区	张元济故居	省级文物保护单位
50	徐汇区	张澜旧居	省级文物保护单位
51	徐汇区	夏衍旧居	省级文物保护单位
52	徐汇区	黄兴旧居	省级文物保护单位
53	徐汇区	新四军驻上海办事处旧址	县级文物保护单位
54	徐汇区	抗战时期中共江苏省委旧址	县级文物保护单位
55	徐汇区	百代小楼(《义勇军进行曲》灌制地)	县级文物保护单位
56	徐汇区	桃江路 45 号住宅(宋庆龄旧居)	县级文物保护单位
57	徐汇区	上海虹桥疗养院旧址	县级文物保护单位
58	徐汇区	杜重远旧居	县级文物保护单位
59	徐汇区	聂耳旧居	县级文物保护单位
60	徐汇区	南国艺术学院旧址	县级文物保护单位
61	徐汇区	钱壮飞旧居	县级文物保护单位
62	徐汇区	上海中央局秘书处机关旧址	县级文物保护单位

序号	行政区域	名　　　称	级　　别
63	长宁区	宋庆龄墓	全国重点文物保护单位
64	长宁区	《布尔什维克》编辑部旧址	省级文物保护单位
65	长宁区	中共中央上海局机关旧址	省级文物保护单位
66	长宁区	路易·艾黎故居	省级文物保护单位
67	长宁区	中西女塾旧址	省级文物保护单位
68	长宁区	复旦公学旧址	县级文物保护单位
69	普陀区	上海总工会第四办事处遗址	省级文物保护单位
70	普陀区	沪西工友俱乐部遗址	省级文物保护单位
71	普陀区	顾正红烈士殉难处	县级文物保护单位
72	普陀区	十九路军抗日临时军部遗址	县级文物保护单位
73	普陀区	申九"二·二"斗争纪念地点	县级文物保护单位
74	普陀区	新会路华童公学旧址	县级文物保护单位
75	虹口区	鲁迅墓	全国重点文物保护单位
76	虹口区	上海总工会秘密办公机关遗址	省级文物保护单位
77	虹口区	1927年中共江苏省委旧址	省级文物保护单位
78	虹口区	鲁迅存书室旧址	省级文物保护单位
79	虹口区	鲁迅故居	省级文物保护单位
80	虹口区	内山书店旧址	省级文物保护单位
81	虹口区	中国左翼作家联盟成立大会会址	省级文物保护单位
82	虹口区	瞿秋白寓所旧址	省级文物保护单位
83	虹口区	李白烈士故居	省级文物保护单位
84	虹口区	中国共产党第四次全国代表大会遗址	省级文物保护单位
85	虹口区	"五卅"烈士墓遗址	省级文物保护单位
86	虹口区	周恩来同志在沪早期革命活动旧址	省级文物保护单位
87	虹口区	中共中央联络处旧址	省级文物保护单位

序号	行政区域	名　　称	级　　别
88	虹口区	创造社出版部旧址	县级文物保护单位
89	虹口区	郭沫若多伦路旧居	县级文物保护单位
90	虹口区	景云里冯雪峰旧居	县级文物保护单位
91	虹口区	景云里鲁迅旧居	县级文物保护单位
92	虹口区	景云里茅盾旧居	县级文物保护单位
93	虹口区	景云里柔石旧居	县级文物保护单位
94	虹口区	拉摩斯公寓冯雪峰旧居	县级文物保护单位
95	虹口区	拉摩斯公寓鲁迅旧居	县级文物保护单位
96	虹口区	商务印书馆虹口分店旧址	县级文物保护单位
97	虹口区	淞沪铁路天通庵站遗址	县级文物保护单位
98	虹口区	太阳社旧址	县级文物保护单位
99	虹口区	夏衍旧居	县级文物保护单位
100	虹口区	叶圣陶旧居	县级文物保护单位
101	虹口区	赵世炎旧居	县级文物保护单位
102	虹口区	上海戏剧专科学校旧址	县级文物保护单位
103	虹口区	王孝和烈士就义处	县级文物保护单位
104	虹口区	聂耳旧居	县级文物保护单位
105	虹口区	公啡咖啡馆遗址	县级文物保护单位
106	浦东新区	张闻天故居	全国重点文物保护单位
107	浦东新区	黄炎培故居	省级文物保护单位
108	浦东新区	李白等十二烈士就义纪念地	县级文物保护单位
109	浦东新区	杨斯盛故居、杨斯盛墓及杨斯盛铜像	县级文物保护单位
110	浦东新区	反抽丁农民运动集会遗址	县级文物保护单位
111	浦东新区	南汇县保卫团第二中队队部遗址	县级文物保护单位
112	浦东新区	南汇县保卫团第四中队队部遗址	县级文物保护单位

序号	行政区域	名　　　称	级　　别
113	浦东新区	泥城暴动党支部活动遗址	县级文物保护单位
114	浦东新区	朱家店抗战纪念地点	县级文物保护单位
115	浦东新区	吴仲超故居	县级文物保护单位
116	杨浦区	上海工部局电气处新厂旧址	省级文物保护单位
117	杨浦区	陈望道旧居	省级文物保护单位
118	杨浦区	王根英烈士故居遗址	县级文物保护单位
119	杨浦区	《义勇军进行曲》纪念地	县级文物保护单位
120	宝山区	吴淞炮台抗日遗址	省级文物保护单位
121	宝山区	吴淞炮台遗址（陈化成抗英牺牲处）	省级文物保护单位
122	宝山区	山海工学团遗址	省级文物保护单位
123	宝山区	无名英雄纪念墓遗址	省级文物保护单位
124	宝山区	罗店红十字纪念碑	省级文物保护单位
125	宝山区	姚子青营抗日牺牲处	省级文物保护单位
126	闵行区	漕宝路七号桥碉堡	省级文物保护单位
127	嘉定区	廖家祠烈士墓	县级文物保护单位
128	嘉定区	夏采曦故居旧址	县级文物保护单位
129	嘉定区	高义桥（"五抗"暴动领导人牺牲地旧址）	县级文物保护单位
130	嘉定区	微音阁（嘉定中共党组织活动地）	县级文物保护单位
131	金山区	姚光故居	省级文物保护单位
132	金山区	朱学范故居及墓	省级文物保护单位
133	金山区	人民公社旧址	省级文物保护单位
134	金山区	袁世钊故居	县级文物保护单位
135	金山区	孙旭初宅	县级文物保护单位
136	金山区	陆龙飞烈士墓	县级文物保护单位
137	松江区	枫泾暴动指挥所旧址	县级文物保护单位

续　表

序号	行政区域	名　　称	级　别
138	松江区	吴光田墓	县级文物保护单位
139	松江区	中国共产党淀山湖工作委员会旧址	县级文物保护单位
140	松江区	史量才故居	县级文物保护单位
141	松江区	马相伯故居	县级文物保护单位
142	青浦区	陈云故居	省级文物保护单位
143	青浦区	新四军宣传标语	县级文物保护单位
144	青浦区	小蒸农民暴动活动旧址	县级文物保护单位
145	青浦区	颜安小学（陈云读书处、杜衡伯纪念塔）	县级文物保护单位
146	奉贤区	曙光中学旧址（中共奉贤县委旧址）	县级文物保护单位
147	奉贤区	李主一烈士纪念碑	县级文物保护单位
148	奉贤区	赵天鹏烈士纪念碑	县级文物保护单位
149	奉贤区	庄行暴动烈士纪念碑	县级文物保护单位
150	奉贤区	北宋村抗日烈士纪念碑	县级文物保护单位

后 记

为深入贯彻习近平总书记关于加强和改进高校思想政治工作的一系列重要论述,进一步推进思政课与课程思政的改革创新,善用"大思政课",将思政小课堂与社会大课堂更好联通,在上海市教委德育处、上海市教科院德育研究院的指导下,2019年上海城建职业学院联合上海市中共党史学会开发了中国系列课程"筑梦中国"。课程由党史专家、建筑专家、思政课教师联袂组成教学团队,带领学生走进上海红色建筑,讲述建筑中的历史文化和发生在此的红色故事,并由此在课程讲稿基础上形成了本书。

"筑梦中国"课程的开设取得良好社会反响,多家媒体进行了报道,课程视频两次登上"学习强国"上海平台,课程精简版视频在上海教育电视台连续播出,上海城建职业学院党委书记褚敏和上海市中共党史学会副会长徐光寿教授还受邀在上海教育电视台对课程作了专题介绍。课程现已开设近四年,形成了线下课、在线课、实践课的一体联动。

本书在体例上保持了课程各讲讲稿原貌,以体现课程特色,由三方专家生动讲述,并在文中标明各自撰写部分。徐光寿副会长撰写了总论,褚敏书记撰写了结语。

在课程开设和书稿撰写过程中,编写组先后召开了多次课程专家论证会和研讨会,得到了多方的关心和支持。上海市中共党史学会会长忻平教授多次参加课程论证会和研讨会,给予直接指导,并对课程作出积极评价;周智强教授、梅丽红教授、周武研究员等专家都对课程和书稿进行了指导和评价。在此,对以上各位领导、专家的精心指导、关心支持表示衷心感谢!对参与课程教学与书稿撰写的各位专家和教师的全身心投入,在此谨表由衷的敬意!

最后感谢上海教育出版社的大力支持,感谢责任编辑邹楠老师的辛勤付出,确保了本书的成功付梓。

编 者

2023 年 7 月

图书在版编目（CIP）数据

上海建筑中的红色记忆 / 褚敏主编. — 上海：上海
教育出版社，2023.8
（中国系列丛书）
ISBN 978-7-5720-2194-7

Ⅰ.①上… Ⅱ.①褚… Ⅲ.①建筑史－上海②革命
史－上海 Ⅳ.①TU-092②K295.1

中国国家版本馆CIP数据核字(2023)第165184号

责任编辑　邹　楠

美术编辑　郑　艺

中国系列丛书
上海建筑中的红色记忆
褚　敏　主编

出版发行　上海教育出版社有限公司
官　　网　www.seph.com.cn
地　　址　上海市闵行区号景路159弄C座
邮　　编　201101
印　　刷　昆山市亭林印刷有限责任公司
开　　本　700×1000　1/16　印张 13.25　插页 2
字　　数　230 千字
版　　次　2023年9月第1版
印　　次　2023年9月第1次印刷
书　　号　ISBN 978-7-5720-2194-7/K·0023
定　　价　68.00 元

如发现质量问题，读者可向本社调换　电话：021-64373213